U0168835

你的答案有多正确？
像数学家一样思考

**Think Like a Mathematician:
Get to Grips with the Language
of Numbers and Patterns**

〔英〕安妮·鲁尼（Anne Rooney）　著

杨万东　朱雨秋　朱鸿飞　译

中国出版集团
中译出版社

图书在版编目（CIP）数据

你的答案有多正确？：像数学家一样思考 /（英）安妮·鲁尼（Anne Rooney）著；杨万东，朱雨秋，朱鸿飞译．—北京：中译出版社，2022.2（2022.12 重印）

书名原文：Think Like a Mathematician

ISBN 978-7-5001-6946-8

Ⅰ.①你… Ⅱ.①安… ②杨… ③朱… ④朱… Ⅲ.①数学－普及读物　Ⅳ.①O1-49

中国版本图书馆 CIP 数据核字（2022）第 017828 号

版权登记号：01-2021-7236

出版发行　中译出版社
地　　址　北京市西城区新街口外大街 28 号普天德胜大厦主楼 4 层
电　　话　（010）68359373, 68359827（发行部）68357328（编辑部）
邮　　编　100088
电子邮箱　book@ctph.com.cn
网　　址　http://www.ctph.com.cn

出 版 人　乔卫兵
策划编辑　李　坤
责任编辑　郭宇佳　李　坤
文字编辑　李　坤　颜克俭
封面视觉　张梦凯
封面设计　潘　峰

排　　版　北京竹页文化传媒有限公司
印　　刷　山东临沂新华印刷物流集团有限责任公司
经　　销　新华书店

规　　格　787 毫米 ×1092 毫米　1/32
印　　张　8.5
字　　数　134 千字
版　　次　2022 年 2 月第一版
印　　次　2022 年 12 月第二次 印刷

ISBN 978-7-5001-6946-8　定价：59.00 元

前言

数学到底是什么？

数学无处不在。有了数学语言，我们才可以处理数字、图形、过程和支配宇宙的规则。它为我们提供了一条理解身边事物的途径，让我们得以为各种现象建立模型，预测它们。早期人类社会在尝试追踪太阳、月亮和行星的运动，营造建筑、计算牲畜和发展贸易的过程中开始了数学探究。在古代中国、美索不达米亚、古埃及、古希腊和古代印度，随着人们发现了数字生成的图形的美丽和神奇，数学思想逐渐发展起来。

数学是一项全球事业，一种国际语言。今天，它构成了所有生活领域的基础。

贸易和商业建立在数字基础上。对社会所有方面都不可或缺的计算机靠数字运行。我们每天接触的信息中，许多都与数学有关。没有对数字和数学的基本理解，确定时间、规划日程甚至照菜谱做菜都不可能。但这还不是全部。如果你不理解与数学有关的信息，你可能会受骗、受误导，或者干脆错过机会。

人们既可出于高尚的目的，也可出于卑鄙的企图利用数学。数字可以用于说明、解释和澄清，但也可用于撒谎、迷惑和混淆。看清事物本质的能力非常有用。

计算机使一些之前不可能实现的计算成为可能，让数学变得更加容易。你会在下文阅读到这样的例子。例如，圆周率（符号为π，规定圆的周长与直径间数学关系的常数）现在可以用计算机算到数百万位。同样借助计算机，我们现在可以找到数百万个质数（又叫素数，只能被1和其自身整除的整数）。但在某些方面，计算机可以使数学在逻辑上不那么严谨。

因为海量数据的处理现已成为可能，我们可以从经验数据（即可以直接观察到的数据）提取比以往更为可靠的信息。这意味着我们的结论可以——显然是安全地——更多建立在对事物的观察而非研究的基础上。例如，我们可以检查无数的天气数据，再根据既往现象来做出预报。要做到这一点，我们不需要对天气系统的任何理解，只需假设（不管其原因为何）同样的情况在未来将以某种概率发生。它也许很有用，但这不是真正的科学或数学。

纯数学与应用数学

本书讲到的数学大部分可归入"应用数学"标题下。应用数学被用于解决现实世界的问题，它适用于实践场景，如一笔贷款的利息是多少，或如何度量时间、测量一条线。而许多职业数学家还在专心致志地研究另一种数学，那就是"纯"数学。人们研究它是为了探索逻辑会将我们引向何方，为了数学本身而理解数学，而不管它到底有没有实际用途。

先观察还是先思考？

对数据和知识的处理有两种截然不同的方法，数学观点的提出也是如此。一种从思考和逻辑出发，另一种从观察出发。

先思考：演绎是通过逻辑而使用特定命题来得出关于个案的预测的推理过程。举个例子，从所有孩子都有（或有过）父母的命题，及索菲是一个孩子的事实出发，我们可以推出索菲因此肯定有（或有过）父母。只要两个前提得到证明并且逻辑正确，预测就是准确的。

先观察：归纳是从特殊推导出一般的过程。如果我们观察了大量天鹅，并且发现它们全是白色的，我们也许可以由此推导出（人们曾经这样做过）所有天鹅都是白色的。但这并不严密——它只意味着我们还没见过一只不是白色的天鹅。

正确与错误

数学家并不总是对的，不管他们是从归纳法还是演绎法出发。不过整体而言，演绎更为可靠，并且自古希腊数学家欧几里得（Euclid）开创这种推理以来，它在纯数学上一直被奉为圭臬。

错误如何发生

我们的祖先认为太阳围绕地球转动，而不是地球围着太阳转。如果太阳真的围绕地球转动，它的运动看起来是什么样子呢？答案是：看起来跟太阳围绕地球完全一样。

古希腊天文学家克罗狄斯·托勒密（Claudius Ptolemy）建立的宇宙模型解释了太阳、月亮和行星划过天空的表面运动。这是一种归纳法：托勒密研究了经验证据（他自己的观察），建立了一个与之符合的模型。

哪里有行星？那里就有一颗！

1845—1846 年，数学家奥本·勒维威耶（Urbain Le Verrier）和约翰·柯西·亚当斯（John Couch Adams）分别独立预测了海王星的存在和位置。他们是在看到邻近的天王星轨道的摄动（扰动）后，用数学方法计算出来的。海王星于 1846 年被发现并得到确认。

随着对行星运动更准确的测量成为可能，中世纪和文艺复兴时期的天文学家对托勒密以地球为中心的宇宙模型的数学计算做出日益复杂的细微调整，以使它符合他们的观察。随着为解释每一个新观测而增加的内容的逐渐累积，整个系统变成了可怕的一团乱麻（见下页图）。

纠正

直到 1543 年，波兰天文学家及数学家尼古拉·哥白尼（Nicolaus Copernicus）将太阳置于太阳系中心，推翻了托勒密的模型，数学才开始发挥作用。但即使是他的计算也并非完全准确。后来，英国科学家艾萨克·牛顿

（Isaac Newton）改进了哥白尼的思想，对行星运动给出一个数学上协调一致的解释。他的解释无须大量修改来维持其效力。对一些行星的观测证实了他的行星运动定律，而他在世时这些行星尚未被发现。甚至在一些行星被发现前，这些定律就准确预测了其存在。但这个模型还不完美；用现在的数学模型，我们还不能确切地解释带外行星的运动。在太空和数学方面，还有许多未知等待我们去发现。

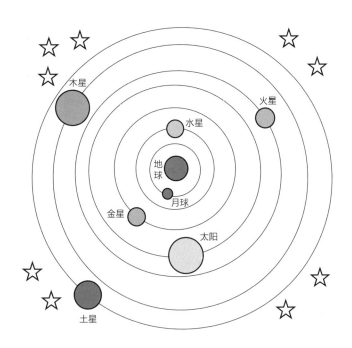

芝诺悖论

我们早就认识到了我们体验到的世界与数学和逻辑模型建立的世界的不协调。

希腊哲学家芝诺（Zeno of Elea）用逻辑证明运动是不可能的。他的"飞矢不动悖论"声称，在任一时刻，一支箭都处于一个固定位置。我们可以在箭离开弓与到达目标之间的所有位置上拍摄数百万张快照，并且发现在任一无穷短的瞬间，它是不动的。那么，它什么时候动呢？

另一个例子是阿喀琉斯和乌龟悖论。希腊英雄阿喀琉斯善跑，如果他和乌龟赛跑，让乌龟先跑，那么他永远追不上乌龟。在阿喀琉斯跑完乌龟先跑的路程的这段时间里，乌龟已经又跑到前面去了。这种情况一直发生下去。随着阿喀琉斯越跑越近，乌龟跑开的距离也越来越短，但阿喀琉斯永远也追不上乌龟。

这个悖论之所以成立，是因为它把连续的时间和距离分别看成一连串极小的时刻和位置。它在逻辑上自洽，但不符合我们体验到的现实。

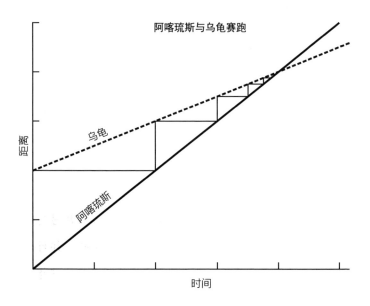

阿喀琉斯与乌龟赛跑

乌龟

阿喀琉斯

距离

时间

目　录

第 1 章　数学是我们创造的吗？　1

数学是本来就"在那里"，等着我们去发现，还
是我们完全创造出了数学？

第 2 章　为什么会有数字？　11

与数字打交道始于人类社会发展的早期阶段。

第 3 章　你可以数到多少？　21

不是所有的数字系统都可以无限延伸。

第 4 章　10 是多少？　31

10 通常被看成比 9 多 1——但也并不
必然如此。

第 5 章　为什么简单的问题那么难回答？　45

问问题容易，但如果你想要确凿的证明，回答
问题就难了。

第 6 章　巴比伦人为我们做了什么？　**57**
你几点起床？钟表指针间的角度是多少？你的星座是什么？我们的一些日常习俗比你想象的要古老得多。

第 7 章　有些数字是不是太大了？　**65**
数字通常都是有用的——但一些数字实在太大了，发挥不了任何实际用途。

第 8 章　无穷大有什么用？　**77**
如果很大很大的数实际上没什么用，无穷大岂不是更没用？

第 9 章　统计数字是谎言、该死的谎言，还是更糟糕的东西？　**85**
我们本该相信统计数字，但它们常常以一种旨在操纵我们的方式呈现出来。

第 10 章　那有关系吗？　**93**
事实和数字真的显示了它们声称要显示的内容吗？

第 11 章　一颗行星有多大？　**99**
如果你突然发现自己站在另一个行星上，会怎么样？你能计算出它有多大吗？

第 12 章　一条线有多直？　107

从 *A* 到 *B* 的最短路线当然是一条线——但它是一条直线吗？

第 13 章　你喜欢墙纸吗？　117

看到墙纸目录，你自然会认为有大量可用的图案。

第 14 章　什么是常态？　129

一个婴儿有多重？一条蟒蛇有多长？大家多长时间去一次超市？

第 15 章　一条线有多长？　139

不是所有的东西都可以计数。

第 16 章　你的答案有多正确？　151

你不会用毫米去测量鲸鱼，也不会用千米来测量原子。

第 17 章　我们都会死吗？　161

大范围流行病太可怕了。

第 18 章　外星人在哪里？　171

我们真的不是宇宙中唯一的智慧生命形式？

第 19 章　质数有什么特别之处？　181

考虑到质数一点儿也不想蹚数学这道浑水，它们其实比你可能认为的更有用。

第 20 章　机会是什么？　**191**

我们每天都与概率（换句话说，机会或风险）打
交道，有时甚至没有意识到。

第 21 章　你的生日是哪一天？　**201**

如果一个房间里有 30 人，其中至少两人同一天
出生的机会很大。

第 22 章　这个险值得冒吗？　**207**

"冒险行远者才有可能发现他可以走多远。"
——T. S. 艾略特（T. S. Eliot）

第 23 章　大自然知道多少数学？　**219**

自然界会数数吗？

第 24 章　完美形状存在吗？　**227**

环顾自然界，你会看到许多奇怪的形状，有些
相当美丽。

第 25 章　数字正在失控吗？　**235**

数字能以惊人的速度增长。

第 26 章　你喝了多少酒？　**243**

数学上最重要的工具之一由一个想知道自己喝
了多少酒的德国人发明。

第 1 章

数学是我们创造的吗？

数学是本来就『在那里』，等着我们去发现，还是我们完全创造出了数学？

自公元前 5 世纪希腊哲学家毕达哥拉斯（Pythago-ras）所生活的时代以来，数学是被发现的还是被发明的就一直是个争论不休的话题。

两种立场——如果你相信"二"

第一种立场声称，所有数学定理和我们用来描述和预测现象的所有方程式都独立于人类智慧而存在。这意味着三角形是独立的实体，它的角加起来真的是 180°。即使人类从未出现过，数学依然会存在，并且在我们消失后继续存在。意大利数学家及天文学家伽利略·伽利雷（Galileo Galilei）也秉持这种观点，即数学是"真实的"。

> "数学是上帝创造宇宙时所用的语言。"
>
> ——
>
> 伽利略·伽利雷

它就在那里，但我们无法看到它

公元前 4 世纪初，古希腊哲学家及数学家柏拉图（Plato）提出，我们通过感官体验到的一切都是理念的不完美副本。

这意味着每只狗、每棵树、每个慈善之举都是理想的"本质的"狗、树或慈善举动的一个稍显拙劣或局限的版本。作为人，我们看不到这些理想之物（柏拉图称作"型相"）只能看到每天在"现实世界"遇到的例子。我们身边的世界处在不断变化中，并且是有缺陷的，但型相的王国是完美且永恒的。按柏拉图的说法，数学就在型相的王国中。

虽然我们不能直接看到型相的世界，但可以通过理性接近它。柏拉图将我们体验到的现实比作从一堆火前走过的人投在山洞壁上的影子。

如果你在山洞里，面对洞壁（在柏拉图的设想中，你被锁链锁住，无法转身），你知道的只有那些影子，于是你将它们看成现实。实际上，靠近火边的那些人才代表了现实，影子只是拙劣的替代。柏拉图认为数学是永恒真理的一部分。数学规则就在"那里"，可以通过理性去发现。它们控制着宇宙，而我们对宇宙的理解依赖于对它们的发现。

如果是我们创造了数学，会怎样呢？

另一个主要的立场是，数学体现了我们自己理解和描述身边世界的努力。以此观点，三角形的角加起来等于 180° 的约定毫无含义——只是约定俗成，就像大家认为黑皮鞋比淡紫色皮鞋更正式一样。它是个约定，因为我们规定了三角形，我们规定了角度（和度的概念），或许还创造出了"180"。

至少，如果数学是创造出来的，那么出错的可能性应该更小。就像我们不能说"树"这个词用于树是错的，我们也不能说造出来的数学是错的——尽管不好的数学胜任不了这份工作。

外星数学

我们是宇宙中唯一的智慧生物吗？让我们假设不是，至少暂时不是。

如果数学是被发现的，任何有数学倾向的外星人都会发现与我们所用的一样的数学，这让我们与他们的交流成为可能。他们也许会以不同的方式表达它。例如，用一个不同的基数，但他们的数学系统会描述与我们一样的规则。

如果我们造出了数学，那么任何外星生命都毫无理由会想出与我们一样的数学。如果他们这样做了，那才叫人意外呢——就像他们原来会说中文或阿卡德语，或虎鲸的语言一样令人意外。

> "上帝创造了整数，其他一切都是人类杰作。"
>
> ———
>
> 利奥波德·克罗内克（Leopold Kronecker）

如果数学只是一项规则，我们用它来帮我们描述和处理观察到的现实，那它就和语言差不多。没有任何东西使"树"一词成为指称树这个客体的真正符号。外星人看到一棵树时，他们会用一个不同的词来表示"树"。如果行星的椭圆轨道或火箭科学的数学中没有任何"真实"可言，外星智慧看待现象或描述现象所用的语言肯定与我们大相径庭。

太不可思议了！

也许，数学与我们身边的世界如此完美地契合实在不可思议——或者说不可避免。"不可思议"的说法并不真正支持任一方的观点。如果我们发明了数学，我们自会创造某种充分描述身边世界的东西。如果我们发现了数学，它显然适合我们身边的世界，一如它在某种更广阔的意义上"正确"一样。数学"如此绝妙地适合现实客体"，要么因为它是真实的，要么因为那就是它被设计来做的事情。

注意，它在你后面！

数学在表达现实世界方面似乎好得不可思议，另一种可能的原因是我们只看到它有用的那一小部分。那倒像将巧合看成某种超自然事件的证据。如果你到国外度假，在印度尼西亚一个无名村庄撞到一个朋友，那确实不可思议，但那也只是因为你没考虑那些你和大家都出去了却没有碰到一个熟人的情况。我们只注意到值得注意的事；不值得注意的事件就不会被注意到。同样，没人会因为数学不能描述梦的结构而埋怨它。因此，如果我们想评估数学的成功水平，整理出一份数学不起作用的领域的清单是合理的。

"数学有效得不合情理"

一些数学理论在发展出来的时候与真实世界的应用没有任何关系，却经常在它确立几十年或几百年后被发现可以解释实际现象。如果数学是人造的，我们如何解释这个现实？

1960年，匈牙利裔美国数学家尤金·维格纳（Eugene Wigner）指出，为一个目的（或不为任何目的）发展出的数学后来被发现可以非常准确地描述自然世界的特征，这样的例子有很多。一个例子是纽结理论。纽结理论研究两端相连的绳子的复杂绳结形状。它是在18世纪70年代发展起来的，但现在被用于解释DNA（遗传物质）链条是如何分离自己来自我复制的。反对的观点依然存在。我们只看到了我们所寻找的东西。我们选择要解释的事物，选择那些可以用我们已有的工具来解释的事物。

> "如果我们建立的一个理论集中关注我们忽视的现象，而忽略了一些现在需要我们关注的现象，我们怎么知道我们建不出另一个理论，它与当前理论没多少共同点，但它解释的现象与当前理论能够解释的现象一样多？"
>
> ———
>
> 莱因哈德·沃纳（Reinhard Werner）

也许进化规定了人类具有数学思维，我们不由自主地要这样做。

纽结理论：能够实现的最简单纽结是三叶形，即反手结。这种结的绳子交叉三次（下图 3_1），交叉更少的纽结不存在。从三个开始，纽结的数量迅速增加。

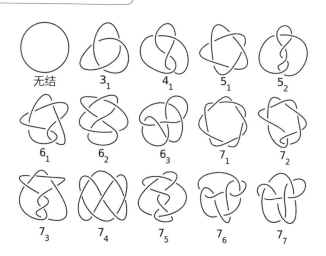

无结 3_1 4_1 5_1 5_2

6_1 6_2 6_3 7_1 7_2

7_3 7_4 7_5 7_6 7_7

那重要吗？

如果你正在计算家庭开支，或检查一张餐馆账单，数学是我们发现的还是发明的这一点无关紧要。我们在一个一致的数学系统内做事情，而且它很有效。因此实际上，我们可以"心平气和地继续计算"。

对纯数学家而言，这个问题关乎哲学兴趣而非实践兴趣：他们是在解开决定宇宙基本构造的最大谜语；还是在以某种语言玩一个游戏，试图写出可能描述宇宙的最优雅雄壮的诗歌？

数学"现实"发挥最大作用的地方，就是人类不断拓展知识和技术边界的地方。如果数学是人造的，我们也许会碰到我们系统的极限，不能穿过它去回答某些问题。我们也许永远实现不了

> "数学语言非常适合于物理规律的构建，这是个奇迹。这个奇迹是一份我们既不理解，也不该得到的美妙礼物。"
>
> 尤金·维格纳

时间旅行、跳跃到宇宙另一面或创造人工意识，因为我们的数学胜任不了这份工作。用一个不同的数学系统可以轻松解决的问题，我们会认为是不可能的。

另一方面，如果数学是人类发现的，我们就有可能发现它的全部，直达现实可能和宇宙物理规则所允许的最前沿。因此，如果数学是人类的发现，那么这将是一件美妙的事，但我们无法确定。

一种可怕的可能性

一种通常少有人考虑的可能性是，数学是实在的，但我们把它全搞错了，就像托勒密搞错了太阳系的模型一样。如果我们发展出的数学相当于托勒密的地心宇宙，那会怎样呢？我们能不能把它推倒重来？因为在它身上投入太多，我们很难看到推倒重来的可能性。

第 2 章

为什么会有数字？

与数字打交道始于人类社会发展的早期阶段。

因为数字司空见惯，我们难得对它们多看一眼。小孩子很早就开始学数数，他们最早接触的抽象概念中就有数字和颜色。

找到了！

我们已知人类最早是以计数形式与数字打交道的。我们的远祖记录牲畜数量的方法是在棍子、石头或骨头上做标记，一只动物一个刻痕；另一种记录方式是将石子或贝壳从一堆挪到另一堆。

计数不需要给数字——与计算中的数字不同——起名字。它是个简单的对应系统，用一个物体或标记代表另一个物体或现象。如果你用一个贝壳代表一只羊，在一只羊通过时将一个贝壳投到罐子里。最后如果手里还有贝壳剩下，你会很容易看出来，并且明白羊丢了。你不需要知道你是有 58 只还是 79 只羊，只要不停地去找丢的羊，找到一只就在罐里投一只贝壳，直到没有贝壳剩下。

时至今日，我们依然用计数来记录游戏得分，记录沉船后过去了多少天，以及用在其他只在过程终了才需要数字的场合。计算出现于计数之后。

算到 1，数到 0

计数被各种各样的石器时代文化使用了至少 4 万年。之后在某个时刻，拥有带名字的数字变得有用起来。

我们不知道计算确切的开始时间，但很容易看出，一旦大家开始拥有动物，能够说出"丢了 3 只羊"比只说"丢了一些羊"更有用。如果你有 3 个孩子，想让每个孩子都有 1 只矛，一个办法是做 1 只矛，拿给第 1 个孩子，意识到还有孩子没有矛，再做 1 只……另一个办法是知道你需要做 3 只矛，就去找 3 根结实的棍子做成矛。显然后一个办法更简单。而一旦人们开始交换，数字就是必不可少的了。

第一个已知的书写数字出现在约公元前 1 万年中东伊朗的扎格罗斯（Zagros）地区。用于计算羊的数量的黏土记号保存了下来。1 只羊的象征物是一个刻着符号"+"的黏土球。如果你只有几只羊，那没什么问题，但 100 只羊需要 100 个象征物就有点麻烦了。这些先人们后来设计出了用不同符号代表 10 只羊和 100 只羊的象征物，这样就可以用更少的象征物来计算任何数量的羊——甚至 999 只羊都可以只用 27 个象征物来代表（100

只羊的象征物 ×9；10 只羊的象征物 ×9；1 只羊的象征物 ×9）。

这些象征物可以穿在一根线上，也经常被烤在一只空心黏土球内壁上。球的外面刻着显示里面"羊"数的符号，但如果发生争议，他们可以打破球来证实里面的数字。这些刻在羊的计数球外面的数字是现存最古老的书写数字系统。

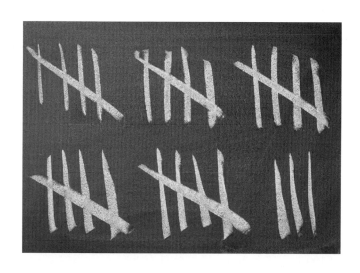

造出数字

许多早期数字系统直接从计数发展而来，它们用一个符号代表个位数，另一个不同的符号代表十位数，再用第三个符号代表百位数。一些数字系统有代表5或其他中间数的符号。

钟面和电影结束时显示的版权日期上到处可见的罗马数字系统始于计数系统的一条竖划。数字1—4最初被表示成 I、II、III、IIII。X 被用于表示 10，C 表示 100。中间数 V（5）、L（50）和 D（500）让大的数字写出来短得多。一段时间后，将一个 I 置于 V 或 X 前表示减法的惯例出现了，据此 IV 就是 5-1，即 4。IV 写出来比 IIII 更短，读起来也更容易。

你只能在相邻的单位之间这样做，因此 IX 是 9，但你不能将 99 写成 IC，它应该是 XCIX（即 100-10 加上 10-1）。

1	2	3	4	5	6	7	8	9	10
I	II	III	IIII 后为 IV	V	VI	VII	VIII	VIIII 后为 IX	X

11	19	20	40	50	88	99	100	149	150
XI	XIX	XX	XL	L	LXXXVIII	XCIX	C	CXLIX	CL

为数字所限

用重复的符号表示个位、十位和百位写出来的数字显得累赘，让算数变得困难。若利用罗马计数规则——在一个符号前放置一个应该减去的符号，你甚至不能通过简单累加每种符号的总数来做加法：如果我们仅仅计算 C、X、V 和 I 的数目，XCIV+XXIX（94+29）将得出与 CXVI+XXXI（116+31）同样的答案。虽然罗马人能够做对，但这个系统的局限性很明显。

埃及的分数

古埃及书写系统使用象形文字（图画符号）。与罗马系统类似，埃及人也使用累加的符号。他们还有一种分数形式。

表示分数时，埃及抄写员在几个向下的笔画上方画上"嘴"的图形字符。不过有个问题。这种方法只能提供单分数（多少分之一），并且重复一个单分数是不被允许的。这意味着你可以表达 3/4=（1/2+1/4），但不能表达 7/10 这样的分数。

一个例外是 2/3，它由长短不同的两画上方加一个嘴的符号表示。

1/2　1/3　2/3　1/4

他们的数学太死板。分数全部以除以 12 为基础，没有小数——你能想象用罗马数字，而且没有表示 0 的数字，来处理像幂（见下页关于"幂"的介绍）或二次方程式这样的复杂概念吗？

IV^{III} = LXIV

XIIx^{II} + IVx – IX = I – I

难怪罗马数学没什么大发展。

位值

我们今天使用的印度–阿拉伯数字系统只有 9 个可以无限次重复使用的数字。它从公元前 3 世纪起在印度逐渐发展起来，后经阿拉伯数学家改进，之后才在欧洲得到采用。在这个系统中，一个数字的地位由名为位值（place value）的位置表明。越向左，位值越高。这是一个比罗马数字灵活得多的系统。

幂

平方数是一个数乘以自己。例如，3 的平方是：3×3。我们还可以把它写成 3^2。

它读作"3 的 2 次方"，意为我们用两个 3 相乘。

立方数是一个数两次乘以自己，因此 3 的立方是：3×3×3，并且还可以写成 3^3——"3 的 3 次方"。那个上标数字（小的，高一点的数字）被称作幂或指数。

平方数和立方数有很明显的用途，因为它们与二维和三维物体有关。数学中会用到更高的幂，但除非你是理论物理学家，否则，你也许不会关心现实世界的更多维度。

千位	百位	十位	个位
5	6	9	1

我们可以通过将下面的数字结合起来得到 5,691 这样的数字：

5,000 (5×1,000)

600 (6×100)

90 (9×10)

1 (1×1)

应用位值，我们就可以用少量数字表示非常大的数。试比较罗马数字和阿拉伯数字表示：

38 = XXXVIII

797 = DCCXCVII

3,839 = MMMDCCCXXXIX

什么也没有——0 的开始

只要每个位置上都有数字，位值就没任何问题。如果有缺口——十位数那一列什么都没有（如 308）——我们如何表示这一点？

> "每个位置都是前一个位置的 10 倍。"
>
> ———————
>
> 印度–阿拉伯计数法中第一个关于位值的叙述。印度数学家阿耶波多（Aryabhata）

留下一个空格会造成误解，除非数字是被仔细地排成列的：9 2 可以是 902 或 9002，这两个数的差别实在太大了。

一个空格在印度数字中也代表一个空位，但后来被一个点或一个圈代替。梵语写作"*sunya*"，意为"空"。约公元 800 年，阿拉伯人采用印度数字时，也采用了这一空格标记，依然称它为"空"，在阿拉伯语中叫作"*sifr*"（零）。这就是现代"零"一词的起源。

　　现存最早的用于表示十进
制数中零的符号发现于公元
683 年的一块柬埔寨石刻。下
图中的大点表示 6 与 5 之间的
0，意为 605。

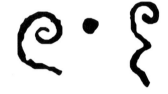

　　印度 – 阿拉伯数字于公元 1000 年前后首次出现在
欧洲，但直到几个世纪后才得到广泛采用。今以"斐波
那契"一名广为人知的意大利数学家列奥纳多·斐波那
契（Leonardo Fibonacci）早在 13 世纪初即已对其进行推
广使用，但商人依然继续使用罗马数字，直到 16 世纪。

第 3 章

你可以数到多少？

不是所有的数字系统都可以无限延伸。

我们的数字系统是无限的——只要写下更多数字，它就可以大到你愿意想象的任何数。但情况并不总是这样。

数字不够？

最简单的计数系统被称作"2计数"（2-count）。它们并不提供计算方法，但可以计算很小的数量。2计数系统有表示1和2的词，有时还有表示"许多"（意为一个不可数的大数）的词。南非布须曼人（Bushmen）使用的2计数系统包括一系列2和1。它的用途受到人们可以记录多少2的制约。

1 xa

2 t'oa

3 'quo

4 t'oa-t'oa

5 t'oa-t'oa-ta

6 t'oa-t'oa-t'oa

马里境内使用的苏皮尔语（Supyire）有表示1、5、10、20、80和400的基本数词。其他数字建立在这些词的基础上。例如，600是 kàmpwòò ná kwuu shuuní ná bééshùùnnì，意为 400+(80×2)+(20×2)。

巴拉圭多巴人（Toba）使用的一个系统的数词最大可到 4，之后开始大量重复用词：

1	nathedac
2	cacayni or nivoca
3	cacaynilia
4	nalotapegat
5 = 2 + 3	nivoca cacaynilia
6 = 2 x 3	cacayni cacaynilia
7 = 1 + 2 x 3	nathedac cacayni cacaynilia
8 = 2 x 4	nivoca nalotapegat
9 = 2 x 4 + 1	nivoca nalotapegat nathedac
10 = 2 + 2 x 4	cacayni nivoca nalotapegat

这种系统在计算你的孩子有几个或其他数量相对较少的事物时还算有用，但它的局限性也很明显。

小的无穷

无穷常被看成一个数不过来的大数。对多巴人和使用 2 计数的南非布须曼人来说，那很可能是一个小于 100 的数。在一个不关心抽象数学的社会，没必要将无穷的门槛提高到比家庭或牲口群的规模大许多的地步。

小于零

在早期的普通计算中，没有对负数的需求。实际上，古希腊人对它们极不信任。公元 3 世纪的数学家丢番图（Diophantus）说，一个类似 $4x+20 = 0$（解出来的 x 值为负）这样的方程是荒谬的。

数的分类

现在，数学家确认了几种数的类别。

- 自然数（natural number）是你一开始学到的那些数，

就是我们用来数数的数：1、2、3……①

- 非负整数（whole number）是自然数里加入了零：0、1、2、3……（这似乎有点怪，零到底有多整？它是没有数字，零而非整。不过别介意，那是数学家考虑的事情。）

- 整数（integer）是非负整数与负整数的集合：……–3、–2、–1、0、1、2、3……

- 有理数（rational number）或分数（fractional number）是可以写成分数形式的数，如 1/2、1/3，等。它们也包括整数，因为整数可以写成 1/1、2/1 等分数形式。它们包括所有整数之间的分数，因为它们也可以写成分数：1½ 可以写成 3/2，等等。所有有理数都可以写成有限小数或无限循环小数。据此，1/2 是 0.5，1/3 是 0.33333……

- 无理数（irrational number）是那些不能写成有限小数或循环小数，或不能用两个整数的比值来表示的数。它们是无限不循环小数。这样的例子有 π、$\sqrt{2}$ 和 e，用计算机可以将它们算到数万亿位而不出现重复模式。

- 实数（real number）包括以上全部

- 虚数（imaginary number）：包括 i 那样的数。i 的定义为 –1 的平方根（这里不考虑这种数。）

---

① 自然数是否包含 0 还有分歧，本书采用不包含 0 的观点。——译者注

当然，早期数羊的农人发现少了 3 只羊，不需要说自己有 –3 只羊，只说羊群少了 3 只羊就够了。不过有了商业，我们就需要显示债务了。如果你借了 100 块，你的账上有 –100；你还了其中 50 块，你的账上还有 –50。从公元 7 世纪起，负数在印度就有了这个用途。

中国数学家刘徽在公元 3 世纪确立了负数用于算术的规则。他使用两种颜色的算筹，一种代表得，一种代表失，他称之为正和负。他用红色算筹代表正数，黑色算筹代表负数——与现代会计惯例相反。

计数和度量

虽然许多事物可以计数，但并非所有事物都可以轻易数出来，一些则根本无法计数。在自然界，不能轻易数出的事物也许比容易数的还要多。

我们可以数人、动物、植物和少量石头或种子。虽然在理论上，我们可以数一数收获的小麦粒数，或一座森林的树木数，或一座蚁丘里的蚂蚁数，但我们不大可能这样做。相反，这些是我们很可能会去度量的事物。人类很早以前就通过重量或体积来称量谷物。有些东西只能以这种方式度量：我们计量液体的体积，称量石头的重量（或质量），测量土地的面积。

离计数更远的还有测量温度这类对象时所使用的人为等级。等级提供了负数的另一个用途。除非一种等级始于某种形式的绝对的零，否则负数就是有用的。如果用摄氏度甚至开氏度来计量，温度计绝对需要负数。矢量（包含方向的量）要用到负数，因为我们将一个方向表示为正，另一个表示为负。如果我们顺时针转45°，那是个正向旋转；但如果我们逆时针转30°，那就是一个 –30° 的旋转。离子（带电粒子）可以带正电荷或负电荷，它们具有哪种电荷指出了它们与其他物质的反应方式。

日常生活中，你也许会在下面这些情况下遇到负数：

- 电梯负一层——地下一层，地面被看成0
- 一个净胜球为负（失球多过进球）的足球俱乐部
- 负的海拔高度，表示一个地理位置低于海平面
- 负通胀（通缩）表明零售价格在下跌

谁会数数？

虽然我们认为数学是人类独有的活动，但是一些动物似乎也会数数。科学家发现，某些种类的蝾螈和鱼能区分不同大小的群——只要一个群比另一个群大一倍以上；蜜蜂似乎能区别4以下的数字；狐猴和一些其他种类的猴子数数能力有限；一些种类的鸟很会数数，能知道它们的蛋或小鸟是否减少。

这种系统对于数量相对较少的计数很有用，但局限性也很明显。

数是实在的吗？

在数学实在的所有候选者中，非负整数似乎最有希望。连波兰数学都利奥波德·克罗内克都接受了它们。

不细看，非负整数似乎相当真实，好像它们就存在于大自然中。也许有三匹狼穿过了森林。这是自然世界中的事件，该事件似乎与非负整数合作无间。但我们无法真的给每一只狼划定一个严格的边界。一直有原子从狼身上飞走，在它身上进进出出；它摩擦另一头狼，得到静电荷，获得更多电子；甚至它的大部分细胞并非实际上的狼细胞。一个近似一匹狼的实体存在着，但它一直处在变化当中。我们可以细致研究，直到亚原子粒子，甚至发现一个是电子云或能量脉冲的"东西"，它在任何时刻都可能在或不在某个特定位置。

非负整数是某个时刻的一幅快照吗？那一刻有多短？我们如何测量它？对一个像时间这样的连续量的测量是相当任意的。并且，正如芝诺的悖论所显示，如果我们将时间分割成越来越短的时刻，其逻辑结果与我们观察到的现实并不相符。

第 4 章

10是多少？

10通常被看成比9多1——但也并不必然如此。

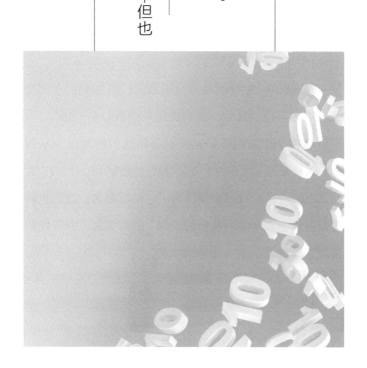

如果说我们的数字系统使用基数 10，那就意味着，当我们数到 9 时，我们从头开始，在个位列写上 0，在我们规定为"十位"的下一列写上 1。其后的数用两个数字来表示，一个显示十位，一个显示个位。数到 99 时，我们用光了十位和个位的数字，开始另一个百位的列。

倒不是说非这样做不可——没有规定说 9 必须是我们可以写入一个列的最大数字。我们可以使用更多或更少的数字。

基数 10 是什么？

"基数 10"这个名称没什么意义；不管我们在哪个数上停止个位的计数，新列的第一个数总是"10"。一个以基数 9 计数的外星民族也会称他们的系统为基数 10，并且没有（比如说）表示"9"的数字（0、1、2、3、4、5、6、7、8、10）。仅仅为了给基数命名，我们也确实需要一个表示我们所用的"10"的新名称（和奇怪的符号）。

手指、脚趾、腿和触须

我们发展出以 10 为基数的数字系统，也许是因为我们有 10 根手指，以 10 为基数的计算更容易。如果不是人类，而是 3 只脚趾的树懒成了支配性物种，它们也许会发展出以 6 或 3（甚至 12，如果它们乐意使用前后肢全部脚趾的话）为基数的数字系统。

基数 3—树懒 #1 计数法									
0	1	2	10	11	12	20	21	22	100
基数 6—树懒 #2 计数法									
0	1	2	3	4	5	10	11	12	13

基数 10—人类计数法									
0	1	2	3	4	5	6	7	8	9

如果章鱼成为支配性物种，它们也许会以基数 8（八进制）计算。实际上，因为它们是非常聪明的动物，它们很可能瞒着我们用基数 8 在计算呢。

基数 8—章鱼计数法									
0	1	2	3	4	5	6	7	10	11
基数 10—人类计数法									
0	1	2	3	4	5	6	7	8	9

10、20、60……

我们甚至不需要转换物种就能看到不同的在用基数。巴比伦人用的基数是 60，玛雅人用的基数是 20。

二进制系统用基数 2。我们用基数 12 作为不少测量系统的基础（1 英尺有 12 英寸，1 先令有 12 便士，一打鸡蛋有 12 个）。同样，从人类身体出发并不意味着我们只能吊死在基数 10 这一棵树上。

巴布亚新几内亚的奥克萨普明人（Oksapmin）使用的基数 27 来自对身体部位的计数，从一只手的拇指开始，顺胳膊上升到脸，再从脸数到另一只手（见下图）。

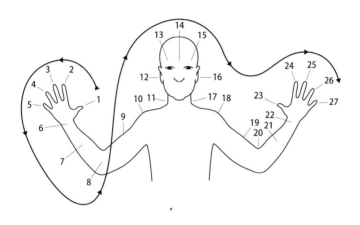

计算机计数

　　我们并没有将基数 10 用于一切。许多计算工作使用基数 16，名为十六进制。因为我们没有任何比 9 大的数字，在十六进制中，字母表的前几个字母被指定用于表示从 10 到 15 的数字。

基数 10—人类计数法																
0	1	2	3	4	5	6	7	8	9	10	11	12	13	14	15	16

基数 16—计算机计数法 #1																
0	1	2	3	4	5	6	7	8	9	A	B	C	D	E	F	10

你也许注意到计算机上的 #a712bb 这类标记颜色的代码。这一组三个十六进制数——a7、12、bb——赋予三原色中的每种颜色一个值。三原色是红、绿、蓝，计算机上的所有颜色都建立在它们的基础上。这些数字转成十进制（基数 10）就是 167（a7=10 × 16+7）、18（12=16+2）和 187（bb=11 × 16+11）。用十六进制意味着更大的数（最大到 255=ff）可以只用两位数来储存。

最终，计算机的所有运行都还原为二进制，即基数 2。二进制只用两个数字——0 和 1——因为每次达到 2 时，我们都从一个新的位置重新开始计数。

基数 2—计算机计数法 #2									
0	1	10	11	100	101	110	111	1000	1001

基数 10—人类计数法									
0	1	2	3	4	5	6	7	8	9

二进制使得所有数字都可以由"开／关"或"正／负"两种状态中的一种来表示。它意味着万物都可以通过电荷的呈现与否而被编码在磁盘或磁带上。

外星警告

如果地球外的任何地方有智慧生命（这似乎很有可能）他们会如何计数？他们也许有 17 条触须，以基数 17 计数。不过很有可能，他们会在某个阶段发现和用上二进制（假设数字并非只是人类的发明）。二进制可能会是我们能够与他们交流的方式。

装在 1972 年和 1973 年发射的两艘"先锋"号太空船外的金属牌（见下页图）显示了氢元素的二进制状态，电子在上下旋转。两者间的差异被用作时间和距离的度量，并且因为这种差异在宇宙中无处不在，一个有能力进行太空旅行的文明应该能认出它。

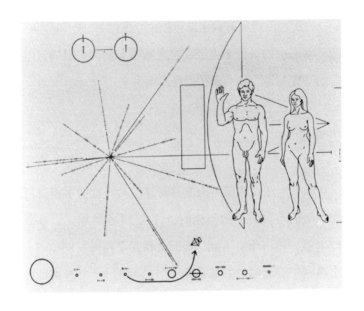

你的全部基数……

有没有另一种计数方式？直觉似乎是可以取非连续的数字作为我们数字系统的基础，但处理数字的其他方式也可能存在。如果我们以 π 为基数计数，有一个醉心于圆的文化，会是什么样子呢？如果我们的系统以幂为基础，又是什么样呢？这并非愚不可及，因为它将专注于一维、二维和三维实体（线、面和体）之间的区别。我们几乎想象不出这些系统会如何工作，但如果电磁波谱的一个不同部分能为我们所见，我们同样想象不出世界看上去会是什么样子。例如，蜜蜂能看到紫外线，而响尾蛇能看到红外线。宇宙其他地方的不同生命形式也许会以完全不同的方式使用数字，或者根本不用数字，我们不能排除这种可能性。

让基数努力工作：对数

对数是"为了得到一个特定数字，你需要对一个底数做多少次指数运算"。听起来一头雾水，其实并不那么难。下面的式子：

$$y = b^x \Leftrightarrow x = \log_b(y)$$

（别慌）

以数字为例：

$1000 = 10^3$，因此 $\log_{10}(1000) = 3$

对数是处理极大数的一个好方式，因为它们将极大的数还原为小得多的数。数相乘时，将它们的对数相加即可。数相除时，也就是用一个的对数减去另一个的对数。最后对答案做对数逆运算。

在使用计算器和计算机之前，对数表是执行复杂计算的方式。

分数幂

有点难以理解的是一个数可以做分数次方运算，即做不是整数次方的运算。以 10 为底的 2 的对数 $[\log_{10}(2)]$ 是 0.30103，意为 $10^{0.30103} = 2$。一个数怎么可以自乘不到一个整数次呢？

数学实在匪夷所思。

你可以画一张 2 的幂的图，它看上去像下图的样子。[这叫对数曲线，许多曲线有这种形状。这条线无限接近但永远达不到 y 轴（$x=0$）。]

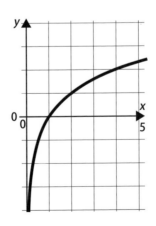

一旦画出一条曲线，你可以读取你想要的任何值，包括表面上不可能的一个数的某个分数次幂的值。

所有的对数曲线，无论该对数的底是多少，都在 1 处穿过 x 轴，因为任何数的 0 次方都是 1。

$10^0 = 1$

$2^0 = 1$

$15.67^0 = 1$

显然，这些指数也会小于 0。负数幂得到的值小于 1，因为负数符号指示我们用 1 除以那个数（该数的倒数），得到一个分数：

$2^{-1} = \frac{1}{2}$

$2^{-2} = \frac{1}{2}^2 = \frac{1}{4}$

为防你认为对数肯定是以 10 为底，我要告诉你并非如此。例如，以 2 为底的 16 的对数是 4：

$16 = 2^4$，因此 $4 = \log_2(16)$

许多科学、工程甚至财务应用中使用所谓的"自然对数"。这些对数以 e 为底。无理数（无限不循环小数）e=2.718281828459……

关于 e

数学家用以下这个复杂的公式定义名为"e"或"欧拉数"（Euler's number）的数：

$$e = \sum_{n=0}^{\infty} \frac{1}{n!}$$

实际上，它相当直接。它的含义如下：

$$e = 1 + \frac{1}{1} + \frac{1}{1 \times 2} + \frac{1}{1 \times 2 \times 3} + \frac{1}{1 \times 2 \times 3 \times 4} \cdots$$

以此类推，直到无穷。对这个数列前几项求值得到：

$$e = 1 + \frac{1}{1} + \frac{1}{2} + \frac{1}{6} + \frac{1}{24}$$

$$= 1 + 1 + 0.5 + 0.1666\ldots + 0.4166\ldots$$
$$= 2.70826\ldots$$

自然对数写成 $\log_e$ 或 $\ln$。因此 $\log_e n$ 就是 e 需要自乘几次才能得到数 n：

$$e^{1.6094} = 5$$

因此

$$\log_e 5 = 1.6094$$

它也许看上去没什么用，但我们频繁地使用它来计算诸如复利之类的问题。计算年利率为 R 的 1 元存款经过 t 年的复合利息的公式是 e^{Rt}。如果你以 4% 的年利率投资 5 年，5 年后，你就有了 $e^{0.04\times5}=e^{0.2}=1.22$。如果你投资了 10 元钱，它就是：

$10e^{0.04\times5} = 10e^{0.2} = 12.21$

（多出来的 0.01 只是上面答案的后一位。它超出了我们用钱表达的小数位数。）

e 的用途：得到一份工作！

2007 年，谷歌在一些美国网站上放出广告说：

"{first 10-digit prime found in consecutive digits of e}.com"
（在 e 的连续数字中发现的第一个 10 位的质数。）

用户解开这个问题再进入网址（7427466391.com）会被引向一个更难的问题。解开最终问题后会进入谷歌实验室网页，该网页邀请到来的极客进行工作申请。

第 5 章

为什么简单的问题那么难回答？

问问题容易，但如果你想要确凿的证明，回答问题就难了。

每个偶数都能写成两个质数的和吗？这个看上去对我们的日常生活不是很重要的问题似乎并不那么简单。普鲁士业余数学家克里斯蒂安·哥德巴赫（Christian Goldbach）猜测，每个比 2 大的整数都可以写成两个质数的和。1742 年，他写信给国际著名数学家莱昂哈德·欧拉（Leonhard Euler），提出了这个猜想。我们很容易尝试几个数字，看到它似乎成立：

4 = 2 + 2（**2** 是唯一的偶质数）

6 = 3 + 3

8 = 5 + 3

10 = 5 + 5

12 = 7 + 5

以此类推，直到

7,614 = 7,607 + 7

一直继续下去

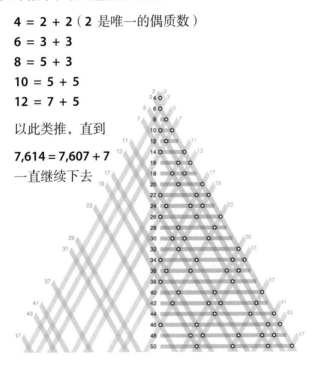

"第一"和"质数"?

虽然"第一"和"质数"在某些语境下是同义词[①]，但数字 1 并不被看成一个质数。质数的定义排除了它："任何大于 1 的除了 1 和其自身外没有其他因数的数。"还有其他越来越复杂的原因，但我们权且认为 1 因为太特别而不是质数吧。

事实上，哥德巴赫确实将 1 看成质数。他还有个想法，叫弱哥德巴赫猜想。它声称，每个比 2 大的奇数都可以写成三个质数的和。这个说法要改成每个比 5 大的奇数，这样我们就不必指定 1 承担一个它不再有权承担的角色。〔2013 年，秘鲁数学家哈洛德·贺欧夫（Harald Helfgott）证明了弱哥德巴赫猜想。〕

欧拉很不明智地对哥德巴赫的想法不屑一顾。结果，虽然哥德巴赫可以用大量数字来测试它，并且它都成立，但他证明不了。在数学中，一个理论要想成立，光靠你测试的每一个数是不够的，你还得有一个证明。

---

① first（第一）和 prime（质数）都有"首要的、最初的"等含义。——译者注

哥德巴赫猜想至今都没得到证明。计算机已经把它试算到 4×10^{18}（4,000,000,000,000,000,000），但那还不够。如果在 $10^{2,000,000}$ 附近有个数值导致它不成立该怎么办呢？那我们就上当了，把它当成一个定理来信任，而实际上它不是。虽然因为已知宇宙没有那么大数量的任何事物，$10^{2,000,000}$ 这个数没有实际用途，但它依然是重要的。虽然仅仅做测试永远算不上证明，但测试有可能证明它不成立。因为这个原因，不断地测试并不是浪费时间。

全是猜想……

在数学中，定理是可被证明的命题。如果你没有一个证明来支持你的想法（可以是一个猜测、一个直觉，说不定还是有大量实例支持的什么内容），你只能把它说成一个猜想。如果你后来证明了它，你可以将它升级为一个定理。如果别人证明了它，他们通常有权给这个定理命名，即使它是几个世纪前被想出来的。

费马（Pierre de Fermat）用他所谓的"大定理"开了个大玩笑。他声称证明了这个定理，但没有地方把它写下来。1993年，当英国数学家安德鲁·威尔斯（Andrew Wiles）最终证明它时，"费马大定理"（Fermat's last theorem）的名字继续使用，因为费马声称证明了它（并且不管怎么说，它确实以那个名字闻名）。

谁知道他是否证明了它？也许他不希望它只是个猜想。

费马大定理

1637年，皮埃尔·德·费马在古希腊数学家丢番图的一本《算术》（*arithmetica*）书的空白处写下他的"大定理"。它声称，对于任何比2大的整数 n，没有三个整数 a、b 和 c（不是0）能满足方程 $a^n+b^n=c^n$。

它的意思是，虽然我们可以写出像 $3^2+4^2=5^2$（9+16=25）这样的式子，但对于任何比2大的幂，我们写不出同样的式子。费马评论说他证明了它，但书边写不下了，因此他没写出来。

你能证明它吗？

因为提供证明太难，数学上的简单问题有时很难回答。哥德巴赫说他确定他的想法是对的，但他证明不了它。计算机可以证明，它对所有有用的数和大量远远超出实用的数都成立。

在数学上，证明是一种演绎（相对于归纳）论证。它必须以已经确立的其他证明（定理）或名为公理的不证自明的命题为基础。因此，证明建立在逻辑和推理的基础上。证明的每个步骤都必须以已知事实为基础。在极偶然的情况中，如果有可能检查每一种可能性，证明也可以基于对例子的检查。

例如，如果我们有一个适用于从2到400的所有偶数的猜想，我们可以逐个检查每一个数字，看它是否符合条件。如果符合，我们就证明了那个猜想，有了一个定理，但这不是通常的情况。关于哥德巴赫猜想，我们不能检查每一个偶数，因为它们的数量是无穷的。相反，我们需要一个证明，证明中的变量可以代替数字。

欧几里得与公理

那些"不证自明的真理"或公理其实是我们的搪塞之词。某个说法凭什么是不证自明的真理？对你我而言，1+1=2 也许是不证自明的真理，但在接受它之前，数学家将需要证明这是真的。

公理甚至更为基本。

欧几里得

《几何原本》（*Elements*）通常被认为是活跃在公元前 300 年左右的古希腊数学家欧几里得所撰。他在书中列出了 5 条公理（或"公设"）。（《几何原本》成了有史以来留存最久的非宗教文本；它被用于教授几何学的时间超过了 2,000 年。)

- 给定任意两个点，你可以在两者之间画一条直线（这样得出一条"线段"。）

- 任何线段都可以无限扩展——意为你可以无限制地延长一条线（看，确实有些东西不证自明地真实!）

- 给出一个点和一条从该点出发的线段，你可以画出一个以该点为圆心，以该线段为半径的圆（这听起来有点难，你可以试一试。那个点就是你放置圆规一只脚的地方，线段就是圆规两脚之间的距离。现在你可以旋转圆规，画出一个圆了。）

- 所有的直角都相等

- 给定两条直线，画一条线段与两线相交。如果它在同一侧与两条直线的夹角加起来不到 180°，最初的两条直线最终会相交。这听起来复杂得吓人，但它的意思是，如果你画一幅这样的图：

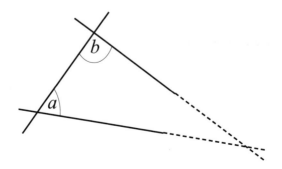

并且 a+b 不到 180°，那么这两条直线将会相交，这个形状将变成一个三角形。

欧几里得还提出 5 条"公设"：

- 与同一个量相等的量之间也相等（即，如果 $a=b$，$b=c$，则 $a=c$）
- 等量与同一个量相加，其和依然相等（即，如果 $a=b$，则 $a+c=b+c$）
- 等量减去同一个量，其差依然相等（即，如果 $a=b$，则 $a-c=b-c$）
- 彼此重合的几何图形全等
- 整体大于部分

欧几里得对几何特别着急，他的公设也是为几何制定的。在当代，数学家们努力尽可能减少公理的内容和条件。

数学命题与任何特定情景的关联越少，它们通常就越有用。不过，对于不是数学家的普通人，它们表现得越无用，离任何看似真实世界中的应用场景就越远。

检验它

证明如何成立？让我们看一个非常熟悉的定理——勾股定理。它的内容是，如果你将直角三角形每条边都做平方计算，两条短边的平方加起来等于长边的平方。（这通常表述成"直角三角形斜边的平方等于两条直角边的平方和"。）

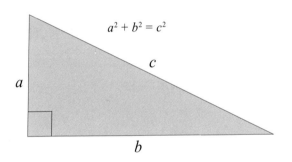

我们如何证明这个定理？证明方法有很多，但此处一个就够了。

首先，我们用类似右边灰色部分的 4 个三角形画出一个正方形。

4 个三角形的直角成为正方形的 4 个角。这样我们就有了一个内含小正方形的大正方形。光看这张图，你也许一眼就能看出一种证明方法。大正方形的每条边都等于 $a+b$，因此整个大正方形的面积是：

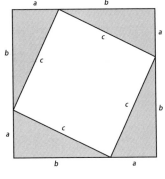

$A = (a+b)\,(a+b)$

每个小三角形的面积是：

$1/2 \times ab$

中间正方形的面积是：

c^2

因此我们有两种方式计算整个正方形的面积：

$A = (a+b)\,(a+b)$

和

$A = c^2 + 4 \times (1/2 \times ab)$

展开两式，得到：

$A = a^2 + 2ab + b^2$

和

$A = c^2 + 2ab$

于是我们得到：

$A = a^2 + 2ab + b^2 = c^2 + 2ab$

两边都减去 2ab：

$a^2 + b^2 = c^2$

哇！[或者更正式地，写上 QED（证毕）]

因为我们用变量 a、b、c 代表任何数字来表明这是正确的，所以这可以看作证明，因而勾股定理可以被称作定理。我们不需要用每个能想到的三角形来验算它，因为证明显示，它对我们能想到的任何直角三角形都成立，不管它是大还是小。这个三角形的边长可以为 1 纳米或 400 亿千米，而定理依然成立。

据此，难题之所以难以回答，是因为直觉、"这很明显"或经验证据不足以说服一名数学家。

第 6 章

巴比伦人为我们做了什么？

你几点起床？钟表指针间的角度是多少？你的星座是什么？我们的一些日常习俗比你想象的要古老得多。

从60开始

  巴比伦数字系统是围绕着 10 和 60 被组织起来的。虽然它常被称作 60 进制，但也用 10 作为分割点（见第 4 章）。巴比伦人只用两种符号来代表数字。他们重复表示个位 1 的符号，一直写到 9 个，之后用另一个符号表示 10。他们组合使用 1 和 10 的符号，到 60 后在一个不同位置上重新使用 1 的符号。这意味着用两种符号的结

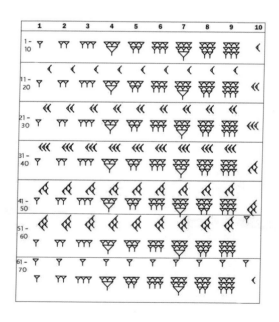

合，他们可以通过改变其位置而写出任意数字。

60 位的位置可以用到 59，接着下一个位置被用于 3,600 位。

位置非常重要。数字 𐎟𐎟 是 2 × 1=2，但如果两个符号间有个空格，𐎟 𐎟，含意就是（60 × 1）+（1 × 1）= 61。0 由一个倾斜的数字代表，但只能用来表示数字中间的 0。

    𐎟   = 60 × 60 = 3,600

    𐎟 𐎟   = 3,600+60 = 3,660

    𐎟 ⟨ 𐎟   = 3,600 + 0 + 1 = 3,601

秒和分

1小时有60分钟，1分钟有60秒的规定来自巴比伦数字系统，尽管古巴比伦人还不能精确地测量时间。一个圆有360度。1度则分成60分，1分有60秒。4,000年后的今天，从我们的系统剔除60将会非常困难。它甚至设法进入了超出巴比伦人最狂野想象的新系统。可观察宇宙的范围以吉秒差距（gigaparsec）来度量。秒差距（parsec）的定义以将角分成360度及60分和60秒的细分为基础。

为什么是60？

60是很有用的基数，因为它有许多因数（2、3、5、6、10、12、15、20、30）。其中一个重要因数是12（60=12×5），巴比伦人也大量使用这个数。古埃及人继承了巴比伦人（在他们之前是苏美尔人）所开创的做法。他们将天按12小时划分——白天12小时，夜晚12小时。小时在一年的不同季节长度不同，因为白天这段时间分成12个相等的部分，夜晚这段时间分成另外（通常不同的）12 个相等部分。

　　古希腊人首先想到要使用长度相等的小时，但直到中世纪，随着机械钟的问世，他们的想法才流行起来。对于住在离赤道相当近的巴比伦人来说，小时的长度在一年中的差异并不是很大。要是巴比伦人生活在芬兰，也许他们一开始就会确立相同的小时长度。分和秒的概念是阿拉伯博物学家比鲁尼（al-Biruni）于公元 1000 年采用的。秒被定义为一个平均太阳日的 1/86,400。不过当时，准确地度量时间尚不可能，分和秒在其后许多世纪里与大部分人都不相干。

时间和空间

　　分和秒既用于在几何学中测量角，也用于测量时间间隔。它们在角上的使用先出现，而它们与时间的联系则来自圆形计时装置的使用。

　　古希腊天文学家厄拉多塞（Eratosthenes）在一个早期的纬度版本上将圆分成 60 个部分。这个纬度版本的水平线穿过一些著名地点（尽管是在一个小得多的已知世界上）。约 100 年后，希帕克（Hipparchus）加上一个

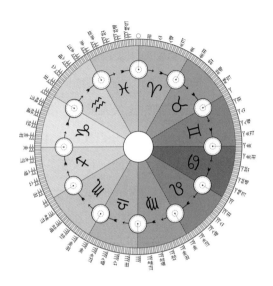

包含360度，从北极到南极的经线系统。又过了约250
年，在公元150年左右，托勒密又将360度的每度细
分成更小的部分。每度分成60个部分，每部分再细分
为60个更小的部分。"分"和"秒"的说法来自拉丁文
"*partes minutae primae*"（第一层很小的部分）和"*partes
minutae secundae*"（第二层很小的部分）。

半小时和一刻钟

14世纪，钟面以小时划分，但没有分钟。小时又分成刻和半小时。这就是钟在这些间隔时间点敲响这个传统的起源。随着钟摆的发明，对分钟的可靠测量及它们在钟面上普遍被采用出现在 17 世纪末。因为钟面是圆形的，并且小时已经分成 4 个部分，将 1 小时分为 60 分的决定合情合理。这意味着每分钟是 6 度，每秒是 0.1 度——尽管清楚地标记秒将需要一个很大很大的钟面。

第 7 章

有些数字是不是太大了？

数字通常都是有用的——但一些数字实在太大了，发挥不了任何实际用途。

小时候，你也许曾想要数到 100 万。如果是这样，你多半没数多少就放弃了。

数到 100 万需要多长时间？如果你每秒数一个数，不吃不喝不眠不休地一直数下去，数到 100 万需要用上 11 天半。如果你照吃照睡，在数数任务上花上不到每天一半的时间，你可以在一个月里数完。如果成功了，你也许会想尝试 10 亿。那可不是个好主意。以同样每秒一个数的速度，日夜不息，数到 10 亿需要 31 年零 8 个半月。

我们从未真正理解大数间的差异；我们很容易忘记它们膨胀得有多快。如果你觉得用 31 年数到 10 亿有点无聊，那数到 1 万亿呢？那将需要超过 31,700 年。如果你从上一个冰川期末尾开始，现在还没数到三分之一呢——还只在 300,000,000,000 左右。

我写下本章这一天，美国国债是 18 万亿美元多一点点。实际上，那"一点点"就是 1,710 亿美元，不是个小数。我们假设，这笔债从约 575,800 年前开始，不计利息，以每秒 1 美元的速度累积。那时现代人类尚未进化出来。也许一只雕齿兽借了第一个美元。

时间	标志		债务
575,800 年前	雕齿兽		1 美元
200,000 年前	现代人类		11.85 万亿美元
15,000 年前	人类出现在美洲		17.69 万亿美元
9,650 年前	猛犸象在大陆灭绝		17.85 万亿美元
4,485 年前	金字塔在埃及开建		18.02 万亿美元
公元 476 年	西罗马帝国灭亡		18.11 万亿美元

时间	标志		债务
1620 年	"五月花"号 （Mayflower） 启航		18.146 万 亿美元
1776 年	美国独立		18.151 万 亿美元

这让我们对 1 万亿是多少有了些概念，但万亿在大数表上还处于非常低的位置。

节约纸张

写下一长串数字（甚至经济学家和银行家每天都写到的 10 亿和万亿）会很快用光纸张或屏幕这些现实财产。大数字读起来也不那么容易——你得数完位数才知道第一个数字怎么读。看出下面的数字是 20 亿很容易：

2,000,000,000

但你能不数数字，就大声读出下面的数吗？

234,168,017,329,112

科学计数法为大数字的书写提供了便利。对于 100 万，我们无须写 1,000,000，只需写作 10^6，读作 10 的 6 次方。它的意思就是 10 自乘 6 次：

$10 \times 10 \times 10 \times 10 \times 10 \times 10$

$10 \times 10 = 100$

$100 \times 10 = 1,000$

$1,000 \times 10 = 10,000$

$10,000 \times 10 = 100,000$

$100,000 \times 10 = 1,000,000$

因此 10^6 就是 1 后面有 6 个 0。10 亿是 10^9，即 1 后面有 9 个 0。1 万亿就是 10^{12}——写起来比 1,000,000,000,000 容易多了！

亿和兆

1 万亿离"亿"的尽头还差得远呢。我们有：[1]

---

[1] 中文没有这些数字的对应说法。虽然中文有亿、兆、京、垓、秭、壤、沟、涧、正、载……这些表示大数的字，但本身比较混乱，如有上数法（自乘，万万为亿，亿亿为兆……）、中数法（以万进，万万为亿，万亿为兆，万兆为京……）、下数法（以十进，十亿为兆、十兆为京……）。但中文没有千进系统。另外这也从侧面说明大数很少用到。——译者注

Quadrillion	10^{15}
Quintillion	10^{18}
Sextillion	10^{21}
Septillion	10^{24}
Octillion	10^{27}
Nonillion	10^{30}
Decillion	10^{33}
Undecillion	10^{36}
Duodecillion	10^{39}
Tredecillion	10^{42}
Quattuordecillion	10^{45}
Quindecillion	10^{48}
Sexdecillion (Sedecillion)	10^{51}
Septendecillion	10^{54}
Octodecillion	10^{57}
Novemdecillion (Novendecillion)	10^{60}
Vigintillion	10^{63}
Centillion	10^{303}

理解这些名字

1 centillion 有 303 个 0，这似乎有点奇怪——难道

不是该有 100[①] 个 0 吗？拉丁文数字前缀（bi–、tri-……）不是表示 0 的数量，而是表示一个数字在 1,000 的 3 个 0 之上增加多少个 3 个 0 的组。

据此，1 million（1,000,000）比 1,000 多 1 组 3 个 0。

1 billion（1,000,000,000）多出来 2 组 0，所以前缀为"bi–"（意为 2）。

1 trillion 多出来 3 组 0。（"tri-"意为 3）

1 centillion 多出来 100 组 0，加上 1,000 里原有的 3 个，得到 303 个 0。

你可以到多大？

不属"……illion"系列的著名数字有两个：古戈尔数（googol）与古戈尔普勒克斯（googolplex）。1 古戈尔是 1 后面 100 个 0。好歹我们还能写出它：

**10,000,000,000,000,000,000,000,000,000,000,0
00,000,000,000,000,000,000,000,000,000,000,0
00,000,000,000,000,000,000,000,000**

---

① "centi-"前缀意为 100 或百分之一。——译者注

古戈尔普勒克斯是个无法想象的大数：10 的古戈尔次方，写作 10googol。"古戈尔"与"古戈尔普勒克斯"这两个词是美国数学家爱德华·卡斯纳（Edward Kasner）的 9 岁外甥米尔顿·西罗塔（Milton Sirotta）想出来的。他一开始将古戈尔普勒克斯描述成 1 后面跟着你能写出的那么多 0，直到你写烦了为止。

古戈尔普勒克斯实在太大了，将它打印出来花费的时间将超过整个宇宙的历史，用掉的材料将超过宇宙的所有物质。用 10 号字（印刷杂志的字号）打印出来的长度将是已知宇宙直径的 5×10^{68} 倍。

如果你在 1 后面写 0，在写累之前能写多长就写多长，1 古戈尔普勒克斯的作用实际上就与你写出来的那个数差不多，因为它是一个完全没用的数，至少在这个宇宙上是这样。

连古戈尔数也超出了任何实际需要，宇宙中基本粒子（即亚原子）的数量估计在 10^{80} 到 10^{81} 个。因为光是古戈尔就是那个数量的 10,000,000,000,000,000,000 倍（10^{19} 个像我们这样的宇宙的亚原子数）古戈尔普勒克斯就更多了。

即使用科学记数法，一些数字写出来也太累人了。

一些数学家努力想找出表示它们的方法。如果你厌倦了写出你正在使用的 10 上面长长的幂数，你可以试试这些方法中的一种。

美国数学家戴维·克努特（David Knuth）的计数法用 ^ 表示幂。$n\hat{\ }m$ 意为 "n 的 m 次方"。它现在广泛用于计算机（在 Excel 中，$=10\hat{\ }6$ 意为 10^6）。

$n\hat{\ }2 = n^2$	$3\hat{\ }2$ 是 $3^2=3\times3=9$
$n\hat{\ }3 = n^3$	$3\hat{\ }3$ 是 $3^3=3\times3\times3=27$
$n\hat{\ }4 = n^4$	$3\hat{\ }4$ 是 $3^4=3\times3\times3\times3=81$

但克努特允许重复使用它。双写 ^ 符号，$n\hat{\ }\hat{\ }n$ 意为 "n 的 n 的 n 次方的次方"。

因此，

$3\hat{\ }3$ 是 $3^3=27$

$3\hat{\ }\hat{\ }3$ 是 $3\hat{\ }(3\hat{\ }3)=3^{27}=7,625,597,484,987$ ——我们已经达到万亿了！

将 ^ 写三次，即 $\hat{\ }\hat{\ }\hat{\ }$，很快就能得到非常大的数：

$3\hat{\ }\hat{\ }\hat{\ }3$ 写成 $3\hat{\ }\hat{\ }4$，其值为

$3\hat{\ }3\hat{\ }3\hat{\ }3 = 3\hat{\ }3^{27} = 3^{7,625,597,484,987}$

这些数字很快变得难以阅读。人们还想出书写比这些还大的数（你永远用不到的数）的方法。它们是一些写在三角形或正方形等不同形状内的单个数字，看上去甚至不像数。

现在你可以造出它

我们可以继续造出越来越大的数。葛立恒数（Graham's number，见下页方框内数字）的平方怎么样，或10的葛立恒数次方？我们可以说出的数没有尽头。那是否意味着它们没有任何实际意义上的存在？

有史以来最大的数

曾用于任何数学问题的最大数被称作葛立恒数。因为它太大了，以任何有意义的方式写下来都是不可能的。它被作为一个问题的一个可能解的上限提出来，但数学家们认为那个问题的真实答案也许是"6"。它更像是数学在报复我们，说，"噢，随你怎么说，6就够了"。

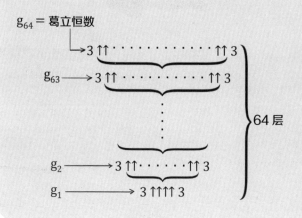

$g_{64} =$ 葛立恒数

$$\rightarrow 3 \uparrow\uparrow \cdots\cdots\cdots\cdots \uparrow\uparrow 3$$

$g_{63} \rightarrow 3 \uparrow\uparrow \cdots\cdots\cdots \uparrow\uparrow 3$

$$\vdots$$

$g_2 \rightarrow 3 \uparrow\uparrow \cdots\cdots \uparrow\uparrow 3$

$g_1 \rightarrow 3 \uparrow\uparrow\uparrow\uparrow 3$

64 层

第 8 章

无穷大
有什么用？

如果很大很大的数实际上没什么用，无穷大岂不是更没用？

从表面看，宇宙似乎不是无穷的，就是有穷的。如果是有穷的，它肯定不能包含任何无穷，对吗？然而它确实包含了。还是让我们先细看下无穷吧。

无穷无尽的数

问问大部分人，无穷是什么，他们会想到那条无穷无尽的数的河流，从 1 或从 0 开始，流过 1,000,000，流过古戈尔（10 的 100 次方），流过古戈尔普勒克斯（10 的古戈尔次方），一直不停地流下去。我们可以不停地再加上"1"，不停地将 1 换成 9，不停地拿这个数乘以自己——没有尽头。

确实是那样。但我们不仅有无穷个从 0 往上数的数，还有无穷的负数——从零往下数的数。

多少无穷？

如果担心那还不够，我们还有无穷的分数（1 古戈尔分之一等）和无穷的小数（0.1、0.11……）。看到 0.1111 不断重复以至无穷，你马上意识到还有 0.121111

到无穷，等等，因此光是 0 到 1 之间就有许多的无穷。1 和 2 之间，0 和 –1 之间也有同样多的无穷。自然地，我们有无限多个无穷。

从 1000 到无穷

直到 1655 年，无穷大符号 ∞ 在罗马数字里还是作为 M 的替代，意为 1000。英国数学家约翰·沃利斯（John Wallis）提议采用它作为无穷大的符号。

无穷有多大？

好奇的孩子常问的一个问题是，无穷有多大？一旦我们开始考虑大量的（无限的）无穷，这个问题立即有了新的复杂性。一般常识认为，无穷个偶数肯定只有无穷个整数的一半，与无穷个奇数一样多。然而它们都会无穷排列下去。这条数轴上的每对数之间都存在无穷，而每一个无理数里都有无穷的数字。但你确定 1 与 2 之间的无穷不可能与负无穷大与正无穷大之间的无穷一样大？无穷也有大小是个出人意料的发现，格奥尔格·康托（Georg Cantor）在 1874 年和 1891 年两次证明了它。

可被包含的无穷

我们通常将无穷想象成一直延伸到无尽的虚空，因此无穷可以被包含（如介于 0 与 1 之间）的概念非常新颖。即使如此，如果设想 0 与 1 之间的无穷，你依然会想象一长串延伸到远处的数字。它的尽头永远无法企及。

不过我们可以从分形中获得一个更容易理解的无穷。

分形是一种无限复制的图形，是一种看得见摸得着的无穷。分形的一个经典例子是科赫雪花（Koch snowflake）。首先画一个等边三角形（三条边相等的三角形），接着在三角形每边中间三分之一段各画一个以该段为底的等边三角形。擦去底，得到一颗星［数学术语中叫六角星形（hexagram）］。在每个小三角形上重复同样操作。以此类推。（见 81 页）。

每画一套新的尖刺三角形，这个图形的周长就增加三分之一。(试想一下，你擦去一条边的三分之一，增加同样长度的两倍；新的尖刺的一条边抵消了擦除的部分，另一条边就是周长的新增部分，即一条边的三分之一。）显然，它的周长将持续增大，因为虽然增加的每一段都越来越小，这些段却越来越多。

如果最初三角形的一条边长是 s，迭代的次数是 n，总边长（P）可由下式给出：

$P = 3s \times (4/3)^n$

随着 n 增大，图形的周长趋向无穷大〔因为 4/3 大于 1，所以 $(4/3)^n$ 会一直增大〕。

每个新三角形包围的面积增量是前一个新三角形所增面积的 1/9。换句话说，如果第一个三角形面积为 9 平方厘米，这颗星的每个尖角就有 9÷9=1 平方厘米，因为有三个尖角，因此整个星的面积是 9+3=12 平方厘米。至于第一个雪花图形，因为每个新的三角增加 1÷9=1/9 平方厘米，因此整个雪花的面积为

12+(12×1/9) = 12 + 1 $^3/_9$=13 $^1/_3$

找出公式

一个最初三角形面积为 a_0 的科赫雪花的面积公式是（如果你不喜欢公式，就闭上眼睛吧）：

$A_n=a_0\{1+3/5\ [1-(4/9)^n]\}$

$=a_0\ [8-3(4/9)^n]$

因为 4/9 小于 1，$(4/9)^n$ 会越来越小，因此雪花的面积会达到一个极限。实际上，它趋向最初三角形面积的 8/5。

分形方法

分形方案还有许多，其中最著名的是从一个复杂数列得出的曼德尔布罗特（Mandelbrot）图形。

分形或近似分形在自然界也很常见。它们出现在一些结构里，这种结构的好处在于可以用有限的体积获得最大的表面积。这样的例子有血管或树根的结构；肺内的肺泡分支；河流三角洲、山脉甚至闪电的结构。

一幅来自曼德尔布罗特分形集的电脑生成图像，显示了这种分形精美而无限复杂的边界特征。这是数学之美最著名的例子之一

有限的无穷

　　虽然这些图形理论上可以无限重复，但在自然中，它们当然不会这样做。达到某个点后，我们会受到分子尺寸限制，无法重复一个图形。分形描述了一种可以无限扩展的过程或序列，但就我们所知，没有任何东西是真正无限的。即使如此，无穷大和无穷小在数学中也是很有用的概念，这一点我们将在第 26 章中看到。

第9章

统计数字是谎言、该死的谎言，还是更糟糕的东西？

我们本该相信统计数字，但它们常常以一种旨在操纵我们的方式呈现出来。

媒体上充满了统计数字，许多是以一种意在说服我们接受特定观点的方式编制的。如果你不仅理解统计数字的真正含义，还理解我们如何对数字做出反应，你就可以避免被人摆布。这里不光有数学，还有心理学。

看待统计数字的多种方式

关于数字的同一件事有许多种表述方法，而它们可以引起我们的不同反应。根据他们呈现数字的方式，记者、广告人可以驱使我们趋向某种特定解读。

下面这些说的是一回事：

- 5 个里面有 1 个
- 0.2 的概率
- 20% 的机会
- 2 成
- 5∶1 的概率
- 50 个里有 10 个
- 每 100 个里有 20 个
- 100 万里有 20 万

即使如此，我们通常会对它们做出不同反应。最后一个，100 万里有 20 万，因为我们看到的后一个数字很大，猛一看更是惊人。100 个里有 20 个比 10 个里有 2 个更能打动人，因为我们将 2 看成一个小数字。这是一个得到证明的发现，叫作比率偏见（ratio bias）。它甚至能导致人选择一个小的获胜概率。

下面的例子很好地演示了比率偏见。

给你两个装着玻璃珠的碗，玻璃珠的组成如下：

- 一只碗里有 10 个珠子，其中 9 个是白的，1 个是红的

- 一只碗里有 100 个珠子，其中 92 个是白的，8 个是红的

让你蒙上眼睛，从中捡出 1 个红珠子。要想增加捡出红珠子的概率，你会选择哪只碗？

在这个测试中，53% 的人选择了有 100 个珠子的碗。

这是个错误的选择：从第一只碗里捡出红珠子的概率是 10%（100 次里 10 次，即 10 次里 1 次），但从第二只碗里，这个概率只有 8%（100 次里 8 次）。

第二只碗里有更多红珠子的情况似乎表明，捡到红珠子的机会更大，这一点吸引了一些人。他们完全忽视了捡到白珠子的机会更大（不成比例的大）的事实。从

有 100 个珠子的碗里捡到红珠子的概率比从另一个碗里捡到红珠子的概率更低。似乎有一半的受测试者不理解该如何选择来使他们捡到红珠子的机会最大化。

大数字更吓人

许多人认为大数字比小数字更重要。

一个样本的人群被分成两组，被要求评价他们对癌症风险的严重程度的感知。一组人被告知每年有 36,500 人死于癌症，另一组人被告知每天有 100 人死于癌症。前一组人感觉到的风险更严重。

另一项研究中，受试者被告知 10,000 人里有 1,286 人将死于癌症，以及癌症将导致 100 人中的 24 人死亡时，他们对前一条信息更为恐慌，即使第二种情况下的风险几乎是第一种的两倍（24% 对 12.9%）。

比率偏见可以导致人们做出危险的选择。被问及是否接受某种已知有致死风险的治疗方法时，人们的回答取决于数据的提出方式。

如果之前病人的数据分别以每 100 个病人和每 1,000 个病人的死亡数显示出来，受试者在前一种情况下可以承受高得多的风险。前一种情况下，潜在病人能接受的死亡风险可以高至37.1%，但在后一种情况下只达到17.6%。

更大的数字（176对37）让他们对更低的风险程度视而不见。

别往下看！

被问及几个分数中哪个更大时，人们通常只比较分子（分数上方的数字），忽视分母（分数下方的数字）。这就是大家在捡珠子时，宁愿选择8/100而不选1/10概率的原因。像这样完全不考虑数字整体的做法被称作"分母盲"（denominator neglect）。

如果你有商业头脑，你可以利用这一点获利。想象你要举行一次义卖为慈善机构筹款，欲说服大家为赢得一次游戏的机会付款。你可以利用分母盲或比率偏见来诱使大家付款参与一个成功率低但看上去似乎更高的游戏。不说"10次里有1次赢得奖品"，而是说，"100次里有8次赢得奖品！"（加上"！"与数学无关，但确实有用，因为它是让读到的人感到意外或加深其印象的暗示），你会争取到更多的参与者。

他们没说出的是什么？

广告从业者和记者操纵我们对数字的思考方式的另一个做法，是通过精心的选择与措辞。尝试颠倒每一个用了数字的句子，看看它到底是什么意思：

- 这届政府治下，30%的人境况更差了＝这届政府治下，70%的人生活标准至少与上届政府治下一样高
- 4台笔记本电脑里有1台会在24个月内损坏＝4台笔记本电脑里有3台24个月后还在工作
- 每50个居民里有30个活到70岁以上＝40%的居民不到70岁就死了

通过选择专注于一个数学命题的哪一半，数字提供者可以诱使我们趋向正面或负面的观点。通过选择一种让我们很难看到事物另一面的呈现方法，他们可以强化这一效果。如果上述最后一例——每50个居民里有30个活到70岁以上——被说成"60%的居民活到70岁以上"，我们可以一眼看出，还有40%的居民在这个年龄

前死去。但 30 这个数字不算小，而且我们还得算一算（50-30，再将20转成百分比）才能看出事情的真实状态。

寻找语境

另一个花招是只给出统计数字本身。没有语境的数字没什么意义。如果你读到一个学校有 20 名学生因药物滥用休学，那听起来相当糟糕。但这个学校有 800 名学生的情况比有 2,000 名学生的情况要糟得多。如果一个有 2,000 名学生的学校里有 20 名学生滥用药物，那意味着 99% 的学生没有滥用药物。尽管那也称不上一条好新闻。

"……的概率是百万分之一"是媒体说某件事极不可能的一个很常见的说法。严格说起来，这在任何特定情况下都不大可能，但如果发生次数很多，那也不是完全不可能。如果非洲象生出来得白化病的概率是百万分之一，我们去非洲时不大可能看到一头。如果一只蚂蚁得白化病的概率是百万分之一，那我们在几座蚁丘仔细查找却一只也看不到就让人非常意外了。

苹果和橙子

如果统计数字以不同的方式表现出来，我们很难直接比较它们。媒体报道通常以不同的方式呈现统计数字，可能是想把我们搞糊涂，但也可能只是哪位记者想让数字看起来更多样化。拿不同来源的信息做比较常常带来这个问题，但那依然是懒惰，记者应该让它们具有可比性。例如，我们难以理解这样一篇报道——10人里有2人参加了足够的锻炼，将得心脏病的风险降低了30%，另有三分之一的人参加了足够的锻炼，将风险降低了15%。它要求我们以3种不同的方式来考虑数字：10人里有2人、分数和百分比。如果这些数字全部转成百分比，数据会清楚得多：20%的人参加了足够的锻炼，将得心脏病的风险降低了30%，另有33%的人将这个风险降低了15%。这也让我们很容易看出，47%的人锻炼不足。

100－(20+33)=100－53= 47

第10章

那有关系吗？

事实和数字真的显示了它们声称
要显示的内容吗？

统计数据有一种权威感，大家很容易被它们左右。它们看上去像"证据"，甚至在它们实际上不证明任何事的时候。

显著或不显著?

统计学家需要知道，通过研究、学习、调查或任何其他方式生成的事实或数字是否"显著"。换句话说，它们是否提供了人们可以据以行动的有用信息，那个结果会不会是偶然发生的，或是样本选择上的错误带来的？一般而言，如果一个结果可能为随机或错误的概率（p）是 20 次中不到 1 次，我们就可以认为科学研究发现了一个显著的结果。这一点表达成

$p<0.05$

p 意为概率。概率 1 表明某件事绝对确定：如果你正在读本书，你活着的概率为 1。概率为 0 意为某件事绝对不会发生。你手上这本书用水印刷的概率是 0。

$p<0.05$ 这个概率的定义方式非常奇怪。"零假设（null hypothesis）成立"的可能性是 5%，且零假设的内容是

无效果[①]。费力地穿过这双重否定，它的意思是，只要结果为巧合的概率不到 5%，统计数据就是有效的。5% 的边缘部分经常被用于丢弃离群值（outlier）——落在主体结果之外的样本。

　　下方这幅图上的曲线显示了结果分布的通常（即正常）形态。一般认为，落在中间 95% 的结果为有效结果，从而可以进入后续处理。一些研究则要求更准确或更严格的显著性测试。这被用于真正重要的研究——那些将给科学重新定义的研究。例如，对希格斯玻色子的探测得到确认所要求的概率被设在约 350 万分之 1，即 $p < 2.86 \times 10^{-7}$。

---

① 在统计学中，零假设（虚无假设）是做统计检验时的一类假设。零假设的内容一般是希望证明其错误的假设。如现在讨论的这个事例，"零假设"的内容是"（一个事实或数字）无效果"。"'零假设成立'的可能性是 5%"则意为：（一个事实或数字）无效果的可能性是 5%。——编者注

所有的天鹅都是白色的——是不是呢？

　　很久以前，欧洲人认为所有的天鹅都是白色的，因为他们从未见过黑天鹅。他们的样本数量非常庞大，差不多是欧洲的所有天鹅。但你只需看到一只黑天鹅就可以打破那个理论。维也纳出生的英国哲学家卡尔·波普尔（Karl Popper, 1902—1994）发展了一种关于科学的定义，它要求理论要想成为科学，应该是可证伪的，即能够被证明是错误的。所有天鹅都是白色的说法确实可以证伪（通过看到一只不是白色的天鹅），因此可以作为一个理论提出。但它是无法证实的。观察不到古往今来的所有天鹅的情况下，我们证明不了它是正确的。这就是你不能证明一个否定事项的原因，仅仅因为你没见过某样东西并不代表它不存在。出于这个原因，被提议的观念的对立面（在这些统计例子中是零假设）是一项非常重要的测试。

无效果，或不显著？

如果一项研究发现没有"统计上显著的"结果，那并不意味着没有效果。我们还要观察样本的规模和研究的设计，这一点很重要。

一项小规模研究也许没有发现一个小的效果。时间尺度也许过短，样本规模也许太小。以药物测试为例，这种情况必须纳入考虑。一个仅包含 20 个对象的研究显示不出只影响 2% 对象的情况——它要么显示一个也不影响，要么显示影响到 20 个里的 1 个（或更多），即 5% 或更多。

相关性和因果关系

新闻故事经常将行为与事件联系起来，暗示其中一个引起另一个。例如，我们也许读到过，戴骑行头盔的人在骑行事故中头部严重受伤的可能性更小。文章认为，骑行头盔保护了头部。那很可能是真的。

但提出两套数据来暗示一个不存在的联系，或与暗示的联系不同的联系，也是可能的。例如，过去 5 年来，报纸的购买量和谋杀案发生率都下降了。这里有某种相关性——模式类似。然而，将这些数据并列提出也许暗示两者有关系：购买报纸会让人陷入想杀人的狂怒吗？也许不。这里有相关性，但没有因果联系：一件事不会引起另一件。

冬季，雪橇的销量上升，冰激凌的销量下降。这里有一种联系，但不是直接联系：两者都与天气有关，但互相没有关系。小心那些似乎暗示两个现象间有联系的统计图表——两者间也许有联系，但也许是其他因素在起作用。这个与两者都有联系的因素被称为"混淆变量"（confounding variable）。在雪橇和冰激凌的例子里，天气是混淆变量。并非总是存在混淆变量，某些情况下可能只是巧合。

也许不是……

下面这些事件间有相关性：

- 有机食品的销售与孤独症的发病率
- 脸书的使用与希腊债务危机
- 从墨西哥进口柠檬和美国道路事故死亡率——这是一个负相关：死亡率随着柠檬进口的增长而下降
- 海盗数量的下降与全球变暖的加剧——这也是负相关：海盗防止了全球变暖吗？

www.buzzfeed.com/kjh2110/the-10-most-bizarre-correlations

第11章

一颗行星
有多大？

如果你突然发现自己站在另一个行星上，会怎么样？你能计算出它有多大吗？

那也许不是你最关心的，当然，只是临时假设一下……你如何测量某个大到没法步测的东西的尺寸？

圆的还是平的？

与广为流传的说法相反，很少有人认为地球是平的。你可以看到某个东西出现在天边，这个简单的事实表明地球不可能是平的。你站在海边，观察一条船驶近，看到桅杆（船的最高部分）首先出现，接着船的其他部分慢慢出现在地平线上。这种事只在地球表面是弧形时才

可能发生。如果地球是平的，一个远方的物体虽然还是显得很小，但它从上到下都可以一览无余，只是它的尺寸会随着接近而增大。

你甚至都不需要接近海边——幸好如此，因为那颗地外行星上也许没有海或船。你从高处可以比从低处看得更远，这件事也表明地球表面是弯曲的。

地平线在哪里？

如果你站在一块平坦的平原上，或从海面望向大海，你在（地球）同一个平面上能看到的最远距离是 3.2 千米（2 英里）。

这是假设你的眼睛在"视平线"（eye level）处，并且你的身高约为 1.8 米（5 英尺 10 英寸）。你可以看到更远处的高大物体的顶端。如果你站在一座小山上，或在一条船的甲板上，你可以看得比 3.2 千米（2 英里）更远。

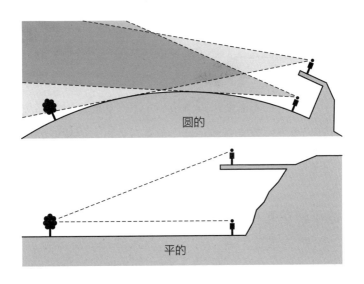

圆的

平的

整整一圈

早在人类掌握测量地球尺寸的合适技术前，这个问题就开始困扰着他们。古希腊哲学家厄拉多塞是我们已知的第一个尝试计算地球周长的人。他住在埃及的亚历山大，于公元前 240 年左右计算了地球周长。

厄拉多塞知道，邻近的城市赛伊尼（Syene）有一口井，如果他在夏至这天中午向井里看，井底没有阴影。如果井里没有影子，那肯定说明太阳在正上方，阳光可以直射到井底。他还知道，那天中午，在他自己城市的井里没有这样看不到阴影的时刻。（这是因为亚历山大在赛伊尼北方。）

厄拉多塞意识到，如果比较亚历山大的阴影和赛伊尼的无阴影，他可以算出地球的周长。他测量了亚历山大一座高塔与它在中午时刻（他知道这时在赛伊尼没有阴影）的阴影边缘的夹角。这个角度是 7.2°。他知道一条线穿过两条平行线时，每侧的内角是一样的。太阳光因为源自很远的地方，基本上是平行的。

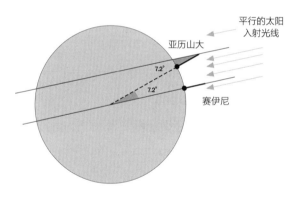

这意味赛伊尼和亚历山大与地球（他假设为球形）中心连线的夹角与那座塔投下的阴影角度是一样的。下述比例：

整个圆的角度：测得角度

与下述比例一样：

地球周长：赛伊尼到亚历山大的距离

厄拉多塞知道两座城市间的距离。可惜我们不知道他知道的距离到底是多长。他把它说成5,000"视距"（stadia），但我们不知道1视距有多长。

幸运的是，7.2º恰好是一个圆周的1/50（360÷7.2=50）。据此得出地球周长为5,000×50=250,000视距。

厄拉多塞计算的准确性也许与真实周长的误差在1%以内，也可能，如果他使用的是一个不同的视距长度，他的误差也许是16%。即使如此，他的计算依然相当准确。用他算得的角度和两座城市间的实际距离（800千米），我们得到的周长答案是

50×800千米=40,000千米

地球的实际周长是40,075千米。

被困

因此，如果你被困在另一颗行星上，你有两种方式测出它的尺寸。要使用厄拉多塞的方法，你需要找一个太阳在中午不投下阴影的地方，再在一个可以测量的距离之内找一个正午太阳会投下阴影的地方；接着你需要

像他那样测量阴影的夹角。当然，你也许没带量角器，因此这种方法可能难以实施。一个替代方法是测量到地平线的距离。

要使用"距地平线距离"法，你需要测量（也许通过步测）一个物体消失在地平线上之前，你从它那里走开的距离。下面方程可以帮你算出你在不同高度上看到的距离：

$$d^2=(r+h)^2-r^2$$

上面公式中，d 是你能看到的距离，r 是行星半径，h 是你眼睛到地面的距离（所有距离使用同一单位）。

这个式子使用了勾股定理。该定理的表述是，直角三角形斜边的平方等于另两条边的平方和。

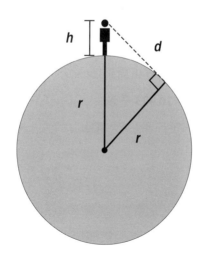

你可以用这个公式算出 r（行星半径）的值。

展开

d^2

$= (r+h)^2 - r^2$

$= r^2 + 2hr + h^2 - r^2$

$= 2hr + h^2$

据此，如果你可以看到 10 千米外的物体，你自己的眼睛高度是 1.5 米（0.0015 千米），

$10^2 = 2 \times 0.0015r + 1.5^2$

$100 = 0.003r + 2.25$

$100 - 2.25 = 0.003r$

$97.75 = 0.003r$

$3{,}258 = r$

这之后，你需要算出周长 $2\pi r$：

$2 \times \pi \times 3{,}258 = 20{,}473$ 千米

不要绕着那颗行星去走一圈！

第12章

一条线有多直？

从 *A* 到 *B* 的最短路线当然是一条线——但它是一条直线吗？

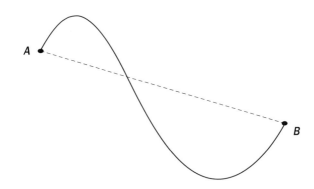

在一个平面上，两点间的最短距离是一条直线，这相当明显。我们可以在数学上证明它，但这个证明用到微分，对这本书来说，有点太长、太难了。

长线，短线

假设你在 A 点，想到 B 点。你经过的路也许是弯弯曲曲的，尤其是在你跟着地图走的情况下。

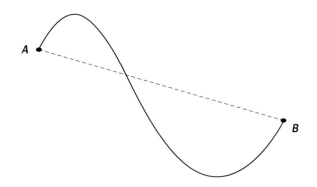

要想让弯路更短，我们可以拉平那些曲线。曲线能够拉到的最平程度就是一条直线。

我们也可以不用曲线这样做。任何直线都可以作为一个直角三角形——实际上是无穷多个直角三角形——的斜边。

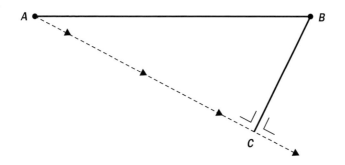

　　无论你画出什么样的三角形，AC+CB 总是大于 AB。

　　目前没有什么问题。但我们不是生活在一个平坦的世界上。

在球面上

　　欧几里得为平面的（平坦的）世界确定了所有的几何原理，即欧几里得几何。欧氏几何有许多很有用的实践用途，如你在挖池塘时，为了用板车拉走泥土，可以算出你需要的料斗体积；或者铺一个房间所需要的地毯长度。然而，我们生活在一个近似球形的地球上，上面的直线跟平面上的直线并不相同。在这种情况下，我们需要使用的是非欧几何。

欧几里得的第 5 条公理通过表明相交线的特征来证明平行线永远不相交。如果两条线平行，与一条线垂直（相交成直角）的线与另一条也垂直：

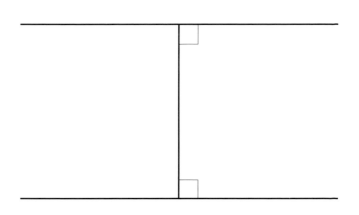

这在平面上成立，但在曲面上不成立。

曲面有两种——凹面，如一只碗的里面；凸面，如一个球的外表面。因此我们有两种曲面几何，分别为双曲几何（hyperbolic geometry）和椭圆几何（elliptical geometry）。

现在，我们可以画一条与另外两条不平行的线垂直的线。在双曲面上，两条线在两个方向上弯曲着互相远离，两条线间的距离不断增大。在椭圆面上，它们互向对方弯曲，最终在两端相交。

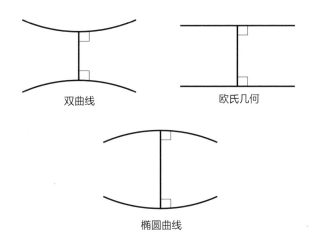

双曲线　　　　　　　欧氏几何

椭圆曲线

如乌鸦飞行

　　我们习惯将"如乌鸦飞行"那样的路线想成最短的地理距离。这个距离在地图上也许可以画成一条直线。

　　从洛杉矶飞往伦敦的这只（精力充沛的）乌鸦也许会看着地图规划它的路线，在两座城市间画一条直线。但如果它沿这条路飞，它实际上飞得比沿弯曲的路线更远，尽管后者看起来更长。如果我们还记得地球是球状体，原因就清楚了。

球面上两点间最短的线在"测地线"（geodesic）上。测地线是以球心为圆心，绕球一圈画出的线。这意味着测地线是一个直径与球体直径相等的圆。测地线也叫"大圆"（great circle）。我们可以围绕一个球画出任意数量的大圆。

回到地球——所有经线都是大圆。除赤道外，没有一条纬线是大圆。所有其他纬线都是小圆，它们的半径小于整个地球的半径。

球体表面两点间的最短距离总是在这两点间画出的一个大圆上——沿一个小圆的距离总是更长（即使它看上去不是这样）。

乌鸦的地图

画在一幅平面地图上，看上去最短的线在球上看起来是一个小圆。从地图上看，乌鸦或飞机的实际飞行路线比表面上"直的"路线更长，这是因为所有地图投影都扭曲了世界地形。没有这样那样的扭曲，绘制一个球体的表面是不可能的。我们最熟悉的投影是墨卡托投影（Mercator projection）。

越接近南北极，这种投影的扭曲越大。一个结果是，格陵兰岛看上去比实际大得多，而南极洲看上去与所有更温暖的土地加起来一样大——它实际上还不到澳大利亚的 1.5 倍大。

高尔－彼得斯投影（Gall-Peters projection）显示实际面积比例，看上去完全不同。现在，格陵兰岛真的相当小，非洲则大得多。这种投影在北美尚未普遍采用，因为与南美、非洲和澳大利亚相比，它让北美洲看起来远远没有美国人习惯的那样重要。非洲的土地面积是美国的 3 倍。

用于平面地图的投影扭曲，加上大圆向一条平面线的转换，使一条直飞路线看上去像一条迂回的抛物线。

格陵兰岛有多大？

在我们熟悉的墨卡托投影地图上，格陵兰岛看上去与非洲差不多大，而南极洲看上去比所有温带国家加起来都大。而实际上，格陵兰岛面积约为非洲的 1/14。

更短不一定更快更好。飞机并不总是径直沿大圆航线飞行，因为风和空中交通方式也会影响它们的航线选择。

我们生活在现实世界而不是整齐划一的数学天堂，总是有其他因素需要纳入考虑，如重力、天气、空中交通管制，甚至还有地上拿着防空武器的敌对势力。

大风天

虽然风不会影响距离，但它可以使飞机在一个方向上比另一个方向上飞着更难。那将消耗更多燃油，还会花上更长时间。另外，飞机下方的地形也会影响飞行高度。飞机既水平飞行，也需要爬升，因此总飞行距离包括了垂直部分。相比飞过海洋，越过山脉需要飞得更高，而爬升非常消耗燃油。越过低地或海洋的长距离飞行可以比翻过高山的短距离飞行成本更低。

复杂因素的加入难不倒数学家，但它确实让事情变得更有挑战性。这是约翰·伯努利（Johann Bernoulli）提出的一个难题。假设有一段穿着一个珠子的金属丝。要想让珠子以最快的速度从起点落到终点，你需要将金属丝弯成哪种形状？（金属丝的长度在各种情况下保持不变。)①

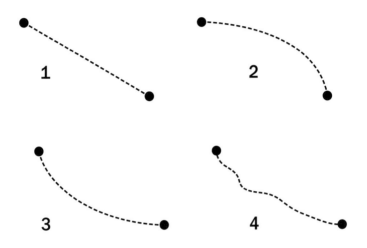

许多杰出的数学家，包括牛顿、伯努利、惠更斯（Christiaan Huygens）和 莱 布 尼 茨（Gottfried Wilhelm Leibniz），都尝试过解答这个问题。伽利略解错了。第一个给出正确答案的是牛顿，他相比于前人的优势是发展出了微积分。

正确答案是第三种形状：陡峭的下降曲线使珠子得以积累起更快通过水平段的速度。在同样时间内，沿这

① 　这个条件应为：从起点到终点的直线距离保持不变。——译者注

条轨迹下降的珠子可以比沿更短的直线下降的珠子落得更远。因此，虽然一个平面上的最短距离是一条直线，但最快的路线也许根本不是一条直线。

你喜欢墙纸吗？

第13章

看到墙纸目录，你自然会认为有大量可用的图案。

然而对数学家来说，所谓的"平面对称群"（wallpaper group）里只有 17 种基本图案。

让我们再看它一眼，再看一眼

数学家并不是真的关心墙纸本身——但他们对等距映射（isometry，见下图）感兴趣，而那就是图形的平面对称群背后的理论。

1891 年，俄国数学家、地质学家、晶体学家叶夫格拉夫·费奥多罗夫（Jevgraf Fedorov）证明了构成平面对称群的只有 17 种基本图案。从等距映射的重复中建立起来的所有图形都基于一个"单元"，它必须是一个特别的形状，通常是矩形（有时特定为正方形）或六边形。

关于等距映射

你墙纸上的图样在墙上伸展时，你可不希望它们扭曲、膨胀或收缩。那会让你做噩梦。相反，复现的图案即使经过反转或反射，看上去也必须是一样的。在数学上，这叫作等距映射：图像变形（即，改变）后，任意两点间的距离必须保持一致，用例子来理解会更容易。下面是一只海马。

下面是改变海马图像的一些方式：

向右移动海马	旋转海马	反射海马	偏斜海马	缩小海马

前三种是等距映射变形——海马图像任意两点间的绝对距离在变形前后不变。第四、第五种是非等距映射：偏斜和缩小改变了点之间的距离。

二维平面上有4种类型的等距映射：

平移（上、下、左、右整体移动图像）

左	右	上	下

旋转（顺时针或逆时针旋转图像）

旋转 0°	旋转 35°	旋转 90°	旋转 180°

反射（在任意方向上反射——生成一个镜像——图像）

| 原始 | 水平反射 | 垂直反射 |

滑移反射（反射和移动的结合）

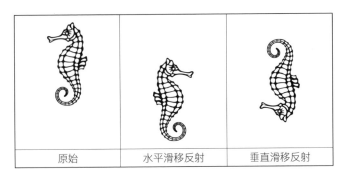

| 原始 | 水平滑移反射 | 垂直滑移反射 |

数学家给 17 种图案取了与墙纸目录上那些诱人的名目完全不搭界的古怪名字。这些名字由编码组成，解释了如何生成这种图案。

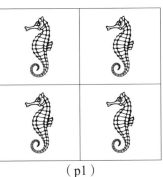

（p1）

• p1 是最简单的形式，图像仅仅向一个方向移动。单元格形状可以为任何平行四边形（包括矩形或正方形）

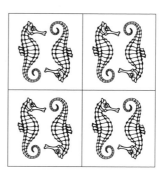

（p2）

• p2 类似 p1，但单元可以上下颠倒而不改变图像

• pm 可以沿一个轴反射；这意味着图像在一个轴上对称。单元格必须是矩形或正方形。

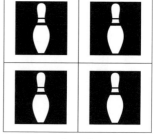

（pm）

• pg 经过滑移反射——同时反射与移动

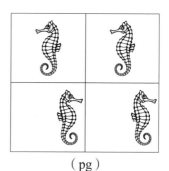

（pg）

• cm 结合了滑移反射和轴反射；单元格必须为边相等的平行四边形

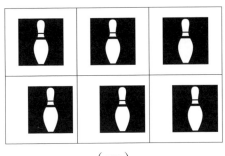

（cm）

随着嵌装结合了不同方向上的反射、旋转和滑移，图像变得越来越复杂。

有趣的是，古代艺术中可以找到所有这些例子。这些艺术作品包括埃及木乃伊盒子上的绘画、阿拉伯瓷砖和镶嵌画、亚述青铜制品、土耳其陶器、塔西提编织物与中国和波斯的瓷器，如本页中的例子。

p2mg – 面料，夏威夷

p4 – 埃及坟墓天花板

p4mg – 中国瓷器 p3m1 – 波斯釉面砖

p31m – 中国彩绘瓷器 p6mm – 亚述尼姆鲁德青铜容器

围绕着墙纸的饰带呢？

平面对称群在两个方向上重复图案——当然是沿着墙从左到右，从上到下，以及从地板到天花板。另一个名为饰带群（frieze group）的群组只在一个方向上重复，因此它可被用于制作沿着墙从左到右的饰带。

下面 7 种类型也是全部出现在早期艺术（甚至史前

装饰）中。

p1	水平移动	
p1m1	平移，垂直反射	
p11m	平移，垂直与水平反射	
p11g	平移与滑移反射	
p2	平移与180°旋转	
p2mg	平移，180°旋转，水平反射与滑移反射	
p2mm	平移，180°旋转，水平与垂直反射及滑移反射	

现在到了单元……

平面对称群与某个形状的单元格互相配合。这个形状可以被镶嵌，即使用重复形状来覆盖一个平面空间且不留空隙。镶嵌是建立图案的另一种方式，它与单元格的形状配合，与画在单元格上的图案无关。

大部分常见的镶嵌出现在古代艺术中。最简单的镶嵌使用的是单个形状的重复，这些被称作"规则镶嵌"（regular tessellation）。

下图显示了 3 种基本的镶嵌类型。

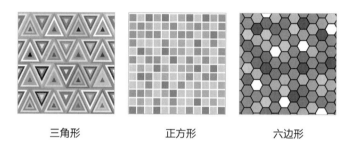

三角形　　　　　　　正方形　　　　　　　六边形

每个顶点（角）的图案一样。

对镶嵌的描述方式是列出在顶点处会合的形状的边数。

六边形图案的每个角由三个六边形共有。

六边形各有 6 条边，因此这种镶嵌就是 6.6.6。

半规则镶嵌（semi-regular tessellation）可以有两种或更多形状镶嵌

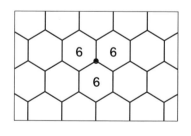

在一起。半规则的镶嵌方式有 8 种（见下页图）。

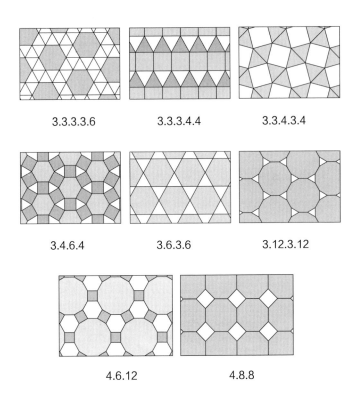

3.3.3.3.6   3.3.3.4.4   3.3.4.3.4

3.4.6.4   3.6.3.6   3.12.3.12

4.6.12   4.8.8

同样，每个顶点的图案是一样的，虽然它可能经过了旋转。

不规则镶嵌（irregular tessellation）各顶点图案不同，因此不能用同样的系统来描述。它们依然必须覆盖整个表面且不留空隙或重叠。西班牙的阿尔罕布拉宫（Alhambra palace）中就运用了不规则镶嵌。

　　如果你足够专业，你可以用这些镶嵌类型中的任何一种给你的浴室铺瓷砖。更具美感且难度更高的镶嵌经常使用曲线形状。荷兰艺术家 M. C. 埃舍尔（M. C. Escher）设计出这些作品。表面依然被完全填充，但填上了富有想象力甚至是梦魇般的形状排列和变形，如图：

第14章

什么是常态？

一个婴儿有多重？一条蟒蛇有多长？大家多长时间去一次超市？

对前页问题的答案是："各不相同。"但尽管答案对每个婴儿、蟒蛇和超市购物者各不相同，我们依然可以预期任何个例都会落入某些界限之内。

人类婴儿不可能重 3 毫微克或 5 吨；蟒蛇不会长到 40 千米（25 英里）；人们不会每分钟或每千年去一次超市。

婴儿的平均体重

婴儿出生前，父母根据对其他婴儿的了解，会对孩子可能的体重进行预估。婴儿出生后，实际体重将得到确认。

事先了解平均体重对父母（"我要不要购买很小的婴儿服？"）和医护人员（"这个孩子有危险吗？"）来说都很有用。婴儿出生后，有关平均体重的知识对医护人员特别有用，因

婴儿	体重（千克/磅）
1	2.3 千克 / 5.1 磅[①]
2	2.3 千克 / 5.1 磅
3	2.9 千克 / 6.4 磅
4	3.0 千克 / 6.6 磅
5	3.2 千克 / 7.1 磅
6	3.3 千克 / 7.3 磅
7	3.4 千克 / 7.5 磅
8	3.5 千克 / 7.7 磅
9	3.7 千克 / 8.2 磅
10	3.8 千克 / 8.4 磅

---

① "千克"换算为"磅"时，保留一位小数，取四舍五入后的结果，下同。——编者注

为有助于回答这类问题："这个孩子是不是与'正常值'差得太多，我们该担心吗?"

上页右侧表格是一些新生儿的体重。

即使按顺序排列，一张婴儿的体重表也很难在人们头脑中形成什么概念，通过平均值更易掌握婴儿的体重情况。

平均值

我们可以计算 3 种类型的"平均值"：

均值。这是大部分人想到的平均值。加总所有的值，再除以这些值的数量：

2.3+2.3+2.9+3.0+3.2

+3.3+3.4+3.5+3.7+3.8

=31.4

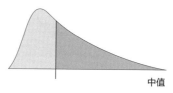

均值

31.4÷10=3.14 千克（6.9 磅）

中值。这是所有数据中间那个值，意为一半的值高于它，一半值低于它。将所有值顺序排列，选取清单中间的那个值。如果值的数量为偶数，

中值

中间会有两个值。这时中值就是这两个值的平均，因此这里的中值是 3.2 千克（7.1 磅）和 3.3 千克（7.3 磅）的平均，即 3.25 千克（7.15 磅）。

众数。这是出现最多的值。这里有两个婴儿重 2.3 千克（5.1 磅），但所有其

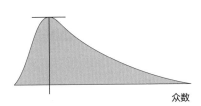

众数

他体重数只有一例，因此 2.3 千克（5.1 磅）是众数。

对于一个像上一页杜撰的婴儿体重表那样很小的数据集，众数可能会大大误导我们。看着这些值，遇到那个众数，我们也许会预计一个婴儿的体重是 2.3 千克（5.1 磅），但实际上这比大部分新生儿的体重低得多。数据集越大，我们对它的分析就越有信心。

对于一个类似这样的小数据集，中值和均值比众数更可靠、更有用。实际上，因为每个值可能只出现一次，一个组里经常会没有众数。

正态分布

观察大量数据的一个更容易的方法是下图中的钟形

曲线形式。这条曲线两端是数量很少的极小或极大婴儿，但大部分婴儿的体重落在曲线的中间某个地方。

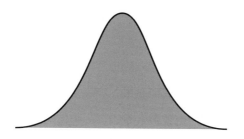

偏离正常状态

我们要将曲线上的哪个位置看成"正常值"呢？显然不仅仅是那些落在正中的样本。要真正有用，这条曲线需要提供更多信息。最有用的信息是标准差（standard deviation），以希腊字母 s 表示。这是对所有样本偏离平均程度的度量。这个平均程度被表述为均值或标准值。计算它所用的公式看上去很吓人，但在实践中用起来很容易：

$$\sigma = \sqrt{\frac{1}{N}\sum_{i=1}^{N}(x_i - \mu)^2}$$

它包含以下步骤，从括号内开始：

- 从每个值 x_i 上减去均值 μ：$x_i - \mu$
- 对差做平方运算：$(x_i - \mu)^2$

接着

- 将所有差的平方加起来：$\Sigma(x_i - \mu)^2$
- 用它除以所有值的数量 N——结果叫作方差
（variance）：$\dfrac{1}{N}\sum(x_i - \mu)^2$
- 对方差开平方：σ。这就是标准差

我们对这些值做平方计算，又在最后开平方的原因是：如果不这样做，负值（低于平均数的值）将与正值抵消。我们的婴儿体重清单的标准差是0.5千克（1.1磅）。

先算哪个？

计算包含数个步骤时，我们有时候不知道以什么顺序进行这些步骤。助记词"BODMAS"可以帮上忙：

B — 首先做括号（bracket）内的计算

O — 再做任何需要遵循"顺序"（order）的计算；这意味着做幂计算或开方计算

D — 接下来做除法（division），如果不止一个，按从左到右的顺序

M — 接下来做乘法（multiplication），还是从左到右

A — 之后做加法，从左到右

S — 最后做减法（subtraction），从左到右

样本还是总体？

我们曾假设这些婴儿是全部受调查的婴儿。但如果我们想用这个样本来估计新生儿体重的一般情况，我们需要稍稍调整标准差的计算。我们的除数不再是 N，而是 $N-1$。这会稍稍增大我们的标准差——上述例子中变成 0.52 千克（1.15 磅）。它增加了一些灵活性，因为一个更大的总体中的变量肯定要多于一个样

婴儿	体重 (千克/磅)
1	2.3 千克/5.1 磅
2	2.3 千克/5.1 磅
3	2.9 千克/6.4 磅
4	3.0 千克/6.6 磅
5	3.2 千克/7.1 磅
6	3.3 千克/7.3 磅
7	3.4 千克/7.5 磅
8	3.5 千克/7.7 磅
9	3.7 千克/8.2 磅
10	3.8 千克/8.4 磅

本，除非你很碰巧从总体中选出了最大和最小的例子。

回顾那张表，我们发现只有 1、2、9、10 行的婴儿距均值 3.14 千克（6.9 磅）大于 1 个标准差（大于 0.52 千克）。因此即将迎来孩子的父母可以预计他们的婴儿体重在 2.6 千克（5.7 磅）到 3.7 千克（8.2 磅）之间。

百分位

通过对一个较大总体的研究，我们可以发现更多信息。

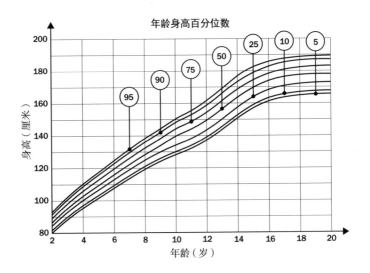

百分位数指出了低于一个特定水平的值所占的百分比。第50百分位数处于所有数据的中点，50%的值高于它，50%的值低于它；第90百分位数大于90%的值，只有10%的值高于它；在第2百分位数上，只有2%的值低于它，98%的值高于它。

百分位图常用于表示预期的儿童生长模式。

一个类似这样的图表并不意味着没有儿童大于第95百分位数或小于第5百分位数，而是说，存在这样的儿童，但数量不多：所有儿童中的90%会落在这张图表顶端与底端的两条线之间。

更矮或更高的孩子也许有，但那不一定表明他们有任何异常。

正态分布曲线

结合百分位概念与钟形曲线，我们可以将曲线分割成距均值1个、2个或3个标准差之内的部分。在许多情况下，这样的分割看上去像本页的图例。

这叫正态分布曲线（normal distribution curve）。多种统计数据会自然落入这种模式，其68%的值位于1个

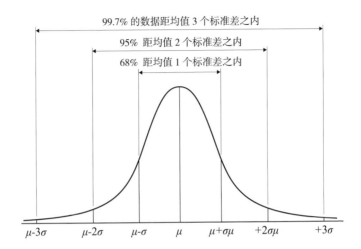

99.7% 的数据距均值 3 个标准差之内

95% 距均值 2 个标准差之内

68% 距均值 1 个标准差之内

$\mu-3\sigma$　$\mu-2\sigma$　$\mu-\sigma$　μ　$\mu+\sigma\mu$　$+2\sigma\mu$　$+3\sigma$

标准差之内，95% 的值在 2 个标准差之内，99.7% 的值在 3 个标准差之内。它适用于人类身高、测量误差、血压读数、试卷得分和许多其他数值集。

位于距均值 2 个或 3 个标准差范围之外可以作为某种警告。但这些边界也可用于设置"正常"值。假设你的任务是安排每年的考试，你无法确定各年的试卷难度是否相当，或打分是否同样严格。你可以做到的是根据正态分布曲线设置及格线。如果你想标出所有学生的成绩，并且让所有（比如说）分数高于均值以下 1 个标准差的学生通过，你可以每年用这个方法来找到前 68% 的学生。

第15章

一条线有多长？

不是所有的东西都可以计数。

计数可以用于许多东西，如奶牛、蛋糕、平底锅或绵羊等。但不是所有的事物都可以一块块独立分开。相反，我们度量时间、流体这样的连续量，以及沙粒或稻米这类我们不想费力去数的东西。

统治者与尺子

已知最早的测量单位是以人的身体为基础：一步的长度、从指尖到肘部的距离（1 腕尺），或拇指第一指节的长度。只要你不做任何非常准确或宏大的事，而且不需要将不同的人测量的结果结合起来，这些就够用了。但想象一下尝试建造一座大金字塔，每边各由一个不同的人步测，甚至同一个人都可以在每边走出不同的步长。在这种情况下，"标准化"（standardization）很快就变得有用了。

选定某个人的胳膊——比如法老的或主建筑师的——来作为衡量的腕尺，对那个人并不方便，因为为了测量的目的他得随时在场，而且无论如何，他不可能同时出现在两个地方。一个替代物（如一把尺子）这时就派上了用场。官方腕尺通常由一根木杆代表，像一把现代尺一样标着分格。始于 5 000 年前的这类标准化很有用：吉萨大金字塔建在一个 440 平方腕尺的基础上，精确度达到 0.05%，每 230.5 米（756 英尺）的误差只有 115 毫米（4.5 英寸）。

国际单位

构成国际单位制（Système International）单位基础的米和十进制系统始于 1799 年的法国。现在，世界大部分地方使用的是国际单位。

1960 年的第 11 届国际计量大会设立了 7 种基本国际单位：

- **安培**（A）——电流单位
- **千克**（kg）——质量单位
- **米**（m）——长度单位
- **秒**（s）——时间单位
- **开尔文**（K）——热力学温度单位（1 开尔文等于 1 摄氏度，但开氏温标起始点为绝对零度，相当于 −273.15℃）
- **坎德拉**（cd）——发光强度单位

- **摩尔**（mol）——包含与 12 克的碳 –12 相同数量的基本粒子（如原子、离子或分子）的任何物质的数量。1 摩尔等于阿伏伽德罗常数（Avogadro's constant，$6.02214076 \times 10^{23}$）个原子或分子

各种度量

世界各地的人根据他们需要测量的对象，发展出了各种各样的度量系统。其中有一些相当奇怪的测量单位，如：

- 1 马身（2.4 米 /7.9 英尺）——用在赛马中
- 1 头奶牛的草（面积单位）——种上草后足够养一头奶牛的土地
- 1 摩根（面积单位）——1 个人加 1 头牛 1 个上午可以耕种的土地，南非法律协会在 2007 年将它定义为相当于 0.856532 万平方米或 2.1 英亩（似乎有点太精确了）
- 木星质量——用于报告系外行星的质量，相当于 1.9×10^{27} 千克

还有许多根据基本单位制定的国际单位。还有一些耳熟能详的测量单位，如小时、升和吨等，但它们不是国际单位。

20 种正式认可的词头可与国际单位联合使用。

倍数	名称	符号
10^{24}	尧（yotta）	Y
10^{21}	泽（zetta）	Z
10^{18}	艾（exa）	E
10^{15}	拍（peta）	P
10^{12}	太（tera）	T
10^{9}	吉（giga）	G
10^{6}	兆（mega）	M
10^{3}	千（kilo）	k
10^{2}	百（hecto）	h
10^{1}	十（deka）	da

倍数	名称	符号
10^{-1}	分（deci）	d
10^{-2}	厘（centi）	c
10^{-3}	毫（milli）	m
10^{-6}	微（micro）	μ
10^{-9}	纳（nano）	n
10^{-12}	皮（pico）	p
10^{-15}	飞（femto）	f
10^{-18}	阿（atto）	a
10^{-21}	仄（zepto）	z
10^{-24}	幺（yocto）	y

生活中，我们不用兆秒，而是用月和年来度量时间。

俚语单位

2001 年，美国学生奥斯汀·森德克（Austin Sendek）提议用词头"hella"表示一个国际单位的 1 octillion（10^{27}）倍。单位咨询委员会经过评议，否定了提议；但一些网站（包括谷歌计算器）采用了它。

一项标准有多标准？

测量工具必须依据明确规定的标准来校正，因此该标准必须绝对恒定。表面上清楚明白，其实不然。木尺可以在木材干燥后收缩、变形，甚至铁杆都会热胀冷缩。

今天，只有千克依然以人造的实物标准为基础，[①] 其他国际单位以宇宙的一些不变特征为基础。例如，1 秒的持续时间为"铯–133 原子基态的两个超精细能阶之间跃迁时所辐射的电磁波周期的 9,192,631,770 倍时间"。

那么，多长？

我们作为个体使用最多的测量单位或许是长度或距离单位。大部分人也许会遇到从几毫米到数百甚至数千千米的度量，因此我们使用毫米、分米、米和千米。但这只是整个范围的一个极小部分。

---

① 根据 2018 年 11 月 16 日第 26 届国际计量大会关于"修订国际单位制"的 1 号决议，1 千克被定义为"对应普朗克常数为 $6.62607015 \times 10^{-34} \mathrm{J \cdot s}$ 时的质量单位"。该决议于 2019 年 5 月 20 日起正式生效。——译者注

米的定义

米最初被定义为 1795 年测量的子午线长度一半（即从地球北极到南极的一半距离）的 1/10,000,000。它的精确度约在 0.5 毫米之内。它由一根保存在巴黎的铂杆形式的米原器来代表，本身准确到约 1 毫米的 1% 之内。1960 年，它转为一个非实物标准，现在被定义为光在真空中用 1/299,792,458 秒经过的距离——这暗示着，将它重新定义为光在真空中用 1/300,000,000 秒经过的距离也许更好，但那时候，我们的旧米制已经应用于很多方面了。

一条线的长度可以是几厘米、几米甚至几千米，但如果它从这里延伸到海王星，我们更应用天文单位［AU（Astronomical Units），不属国际单位］来度量它。1 天文单位是从地球中心到太阳中心的平均距离，相当于 149,597,870,700 米。

米还不够好

1868 年，安德斯·埃格斯特朗（Anders Ångström）建立"埃格斯特朗"（ångström，简称埃，符号为 Å）这个单位时，米原器是保存在巴黎的一根铂杆。处理一个小到可用于测量原子间距离的单位时，一根金属杆可不是最好的标准——要是几个额外的原子粘到杆头呢？早先，埃格斯特朗出现了一次约 1/6,000 的误差，于是拿自己的金属杆与巴黎那根进行了对比。但是他的校正不是很准确，而他经过纠正的计算比最初那次误差更大。1907 年，埃格斯特朗被重新定义为镉的红色光谱在空气中的波长等于 6438.46963 埃格斯特朗。

出了太阳系，测量单位就更大了。天文学家使用的单位在地球完全用不上。

1 光年（ly）是光用一年走过的距离：9,460,000,000,000 千米（5.88 万亿英里）。用光年测量在太阳系内的作用有限，用光分（light minute，光在 1 分钟内走过的距离）和光时（light hour）测量更好。地球距太阳 499 光秒，意味着太阳光到达地球要用 8 分 19 秒。如果太阳现在爆炸，你在得知之前将有 8 分多钟快乐的无知时光。海王星距太阳 30 个天文单位，即 4.1 光时。

天文学家并不真正喜欢光年——它听上去不像是很科学的测量单位。他们更喜欢用秒差距。这个名字来自"1 弧秒的视差"。1 秒差距相当于 3.26 光年，或

206,265 天文单位。

虽然我们不说千天文单位或千光年，但我们确实会说千秒差距（kiloparsec）和兆秒差距（megaparsec）。1兆秒差距是 100 万秒差距，约为地球到太阳距离的 2,000亿倍，1 吉秒差距则是 10 亿秒差距。可观测宇宙的直径被认为约为 28 吉秒差距。我们似乎不大可能需要一个比吉秒差距更大的测量单位。一条线不会长到用吉秒差距都测量不了。

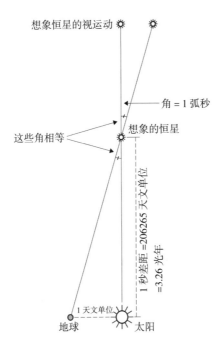

想象恒星的视运动

角 = 1 弧秒

这些角相等

想象的恒星

1 秒差距 =206265 天文单位

=3.26 光年

1 天文单位

地球   太阳

或者有多短？

如果那条线极短，我们可以用埃格斯特朗（Å）来测量它；1Å 等于 10^{-10} 米，或 1 米的 100 亿分之一。钻石里的两个碳原子中心的间距约为 1.5Å。

原子所占位置的绝大部分是空间。虽然一个碳原子的直径可能是 1.5Å，原子核内质子和中子的直径约为 1.6×10^{-15} 米，或 1.6 飞米。空间的其他部分由电子相当随意地四处移动。电子的直径被认为在 2×10^{-15} 米到 2×10^{-16} 米之间，不过这有点像是胡话，因为电子还被认为没有确定的空间范围，即不占据任何空间。如果有一把以飞米标记的尺子，你就可以去测量原子核和电子啦。

短与超短

那很好——但如果你有一把只有 1 飞米的千分之一（1 阿米）长的尺，刻度是仄米（1 阿米的千分之一），会怎样呢？你可以用它去测量什么呢？你可以测量较大的夸克（一种亚原子粒子），但最大的夸克比 1 仄米（10^{-21} 米）还小，因此你需要一把新的尺子，也许是一把分成幺米的仄米尺。（如果你将飞米想象成 1000 米长，幺米尺就是 1 毫米的 100 万分之一——记住，飞米尺本身就比一个原子核还小。）

现在，我们可以测量一个中微子（另一种亚原子粒子），它的直径只有 1 幺米（10^{-24} 米）。同样，这种粒子并不会以通常的方式实际占用空间，那是它的力所作用空间的直径。（试想一下我们测量飓风宽度的方式：没有一个叫作飓风的实际物体，但我们依然满足于将它刮到的地区当成它的大小。）一个中微子是一个电子尺寸的 10 亿分之一，因此如果一个中微子有苹果那么大，一个电子就和土星差不多大，是地球大小的 10 倍。

尺寸的尽头

已知比 1 幺米更小的粒子还没有——却有一个更小的测量单位。普朗克长度（Planck length）被认为是可能存在的最小长度单位。尽管理论上，我们可以继续编出越来越小的单位，但它们将不会有任何实际用途。在普朗克长度（10^{-35} 米）的尺度之下，物理规则不再适用，因此测量本身就不可能。能用普朗克长度测量的只有理论物理学领域的量子泡沫和弦（如果它们存在的话）。如果一个苹果的直径是 1 普朗克长度，一个电子的直径将超过1,000万光年，而一个碳原子将比可观测的宇宙还要大。

弦与万物

现代物理学的某一理论声称，万物（所有亚原子粒子进而到由它们构成的万事万物）由能量弦的微小振动构成。这些弦很小——极小极小。它们只能用普朗克长度来测量。如果一个氢原子大小相当于可观测宇宙，一根弦就是一棵树那么大。因此"一条弦有多长？"改成"一根弦有多短？"的说法会更好。

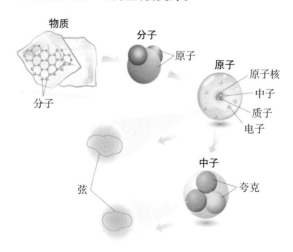

第16章

你的答案有多正确？

你不会用毫米去测量鲸鱼，也不会用千米来测量原子。

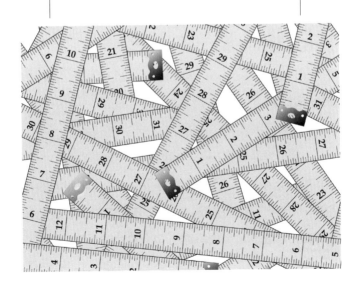

我们有各种各样的测量单位，因此我们可以选择一个适合我们当前测量对象的单位。

选择一个单位……

如果一个单位对你现在测量的对象太大，你得到的结果将是一堆笨拙的小数或错误。假设一条狗高 69 厘米（约 27 英寸）。这是个恰当的单位。我们可不想说这条狗高 0.00069 千米。

太平洋的水量约为 6.6 亿立方千米（约 1.58 亿立方英里），但我们不会买多少立方千米（或立方英里）的牛奶。作为一般做法，如果有效数字前面或后面有许多零，你也许该另选一个单位了。

计数与计算

计数相当简单直接——我们可以很容易数出一个房间里有多少人，或一个停车场有多少辆车。但很大的数字，或时刻在变动的数字，或边界不确定的数字数起来就很难。你数不出一处海滩有多少粒沙子，原因有三：

沙子太多；沙子数量随着潮汐和海滩上的人流而变化；海滩没有确定的边界。你从哪里开始和结束计数？你要挖下去多深，同时还把它称为"海滩"？

要得到这些情况下的数字，我们可以计算或估计。如果知道一个多层停车场停满了车，并且它有设计相同的 10 层车位，我们可以数数一层有多少，再乘以 10 来得出里面有多少车。这个答案很可能非常准确。如果每层有 80 个车位，整个停车场就可以容纳 800 辆车，或者如果有一、二辆车随意乱停，某天就可能是 798 或 799 辆。

计算与估算

那么一个罐子里有多少糖果呢？这大概是游园会或集市上的常见挑战了。

如果糖果大小形状（最好是圆的或方的）全部一样，并且罐子从上到下都一样粗细，那是最容易的。糖果的总数近似于每层的糖果数乘以从上到下堆的糖果层数。别费心转为一个常规单位，糖果就是此处用到的最好单位。

现有一只圆形的罐子，数一数（或猜一猜，如果你不想看上去像个书呆子或骗子）从上到下有多少列及围绕着罐子一圈（或半圈，再乘以2）的糖果数，接着运用下面的公式（式中 h 是以糖果数为单位的高度，c 是以糖果数为单位的罐子直径）：

$$(c/2)^2 \times \pi \times h = \text{以糖果数计算的体积}$$

如果糖果的大小形状各不相同［科学上叫多样性微粒（polydiverse particles）］，或者如果罐子相当小或形状不规则，正确的估算会很难。科学家想出了计算它的办法。这些科学家开发出了一种从一颗糖果（在他们的实验中叫微粒）的角度计算包装密度的方法，

但那对于游园会的一个小游戏来说有点小题大做了。你可以数几行和几列的糖果，取平均数用在公式中，做出一次还算不赖的估算。

（不过这个游戏也许正在过时——现在你可以下载一个手机应用来计算一只罐子里的糖果数量。）

抽样

至少这些糖果没从罐子里爬进爬出或在里面四处移动，它们也没躲着你。要是你想计算一片树林里住着多少只乌鸦，怎么办呢？它们来来往往，还有的躲在巢里，而且它们的数量相当多。最好的方法也许是观察一段时间内一棵树的样本，再拿它类推，用观察到的乌鸦的估计数量乘以估计的树木数量。

民意调查采用抽样方法来预测选民将如何投票，或估计像酒水消费或通勤距离这样的数据。要得到一个可靠或统计上有用的结果，一个基于抽样的估计必须使用一

个规模合适的代表性样本。估算加拿大的素食主义者数量时，如果你的样本是一所养老院的15个老人或一所大学校园的100名年轻妇女，恐怕不会得到一个可靠的答案。

找到正确的人

要想具有代表性，一个样本必须足够大并且其多样性要足以反映人口的构成方式。因此，要想代表加拿大的全体居民，一次调查必须包括所有年龄、种族和社会经济群体的男性和女性，而且他们间的比例应该与他们在整个加拿大人口中的比例大致相同。这被称作人口特征（demographics）。

算出正确的样本规模是一个技术含量相当高的步骤。如果你确实准备自己实施一次调查，你需要了解这些步骤。

如果你只是在媒体上阅读一次调查的结果，找出样本规模和人口特征可以让你对该结果可能有多可靠有一个粗略印象。总体而言，抽样人群的比例越大，结果越值得信任——但只在研究人员细心选择一个代表性样本的情况下。

有代表性的样本

下面的表格粗略显示了对于不同的样本规模和人口，你对结果可以给予多大程度的信心。举个例子，如果人口超过了 100 万（像在加拿大那样），要得到一个误差幅度仅 1%（即答案的准确性在 ±1% 以内）的结果，你需要询问 9,513 个人。这样你的结果就有了 99% 的置信度。

人口	误差幅度			置信水平		
	10%	5%	1%	90%	95%	99%
100	50	80	99	74	80	88
500	81	218	476	176	218	286
1,000	88	278	906	215	278	400
10,000	96	370	4,900	264	370	623
100,000	96	383	8,763	270	383	660
1,000,000+	97	384	9,513	271	384	664

使用一个有代表性的样本至关重要。如果你想调研加拿大人口的饮食习惯，一个由印度教教徒（大部分是素食者）或伐木工人（大部分是食肉者）构成的样本无法得出一份可靠的答案。

有效数字

不恰当地处理和报告统计数据的一个标志是：通过给出超过合理范围的有效数字（significant figures）来暗示虚假的准确度。有效数字是那些显示一个数量的真正细节，具有意义的数字——不包含仅仅作为占位符的零。103.75 这个数有 5 个有效数字，其中最重要的是 1，因为它表明了这个数是 100 多。121,000 也许只有 3 个有效数字——除非所指数量恰好是 121,000。

四舍五入时，我们限制有效数字的数量。当一次计算的结果不大可能非常准确时，将它四舍五入至可能正确的数字是合理做法。例如，你数出一茶匙里的沙子，算出一个沙箱里有 445,341,909 粒沙子，这个数字很精确，但不大可能非常准确。四舍五入到 450,000,000 或 400,000,000 更为合理，因为在一次这样的计算中，你不可能精确到 50,000 以内。不可能准确衡量且一直在变化的世界人口数量通常被说成是 70 亿。最近一次普查结果（2015 年）估计是 7,324,782,000。一个更精确的数字不会更准确，并且会暗示我们知道的比我们实际所知更多。

有时候，计算结果的有效数字多于可以恰当显示的数量。假设你想知道一块直径 120 厘米（约 47 英寸）的圆形地毯的面积。圆的面积公式是 πr^2，因此一个半径 60 厘米（约 23.5 英寸）的圆的面积是 11,309.7336 平方厘米。对于大部分用途，11,300 平方厘米已经足够精确。在任何情况下，收入小数点后的数字都不合宜。首先，地毯的半径就不是以那样的准确程度测量的，收入小数点后的数字会暗示你达到的精确程度比实际更高。

恰好是 π？

π 是一个无理数，意为小数点后的数字将无限不循环地延伸下去。

虽然计算机现在已经将 π 算到数十亿位，但数学家认为，用到超过小数点后 39 位通常没有意义，因为那已经足以将已知宇宙的体积计算到原子尺度。

第17章

我们都会死吗？

大范围流行病太可怕了。

大范围流行病是在数个大陆甚至全球传播的传染病。

敲开所有人家门的瘟疫

最著名的大流行病是黑死病。1346—1350 年间，它在亚洲、欧洲和非洲杀死了多达 5,000 万人。大部分医学史学家认为它源自一种致病性特别强的引发腺鼠疫的鼠疫杆菌。下一波 1918—1919 年的大流行病由一种新类型的流感引发。它传遍全球，杀死约 5,000 万到 1 亿人。这个数字与黑死病致死人数类似，但 1918 年的世界人口（近 20 亿）比 1346 年（约 4 亿）多得多。大流行病会再次发生吗？

我们该恐慌吗？

这种规模的全球流行病只发生过两次，这一点令人安心。但过去 100 年里，世界发生了巨大变化。借助现代工具和现代速度的国际旅行，黑死病传遍全球只要几周或几个月，而不是中世纪需要的几年。现在，与流行病有关的数学已经完全不同了。

给病原体的成功指南

流感和腺鼠疫这样的流行病和大流行病都是由病原体（通常是病菌或病毒）引起的。要引发一场大流行病，一个病原体需要：

- 较易在人群间传播
- 能够在人重病前传播，因为病重的人出不了门，接触不到潜在受害者
- 让感染者活得足够长，从而将病原体传出去

理论上，一个病原体需要知道一些数学，这样才可以"把事情办好"。

一而再，再而三——传染率

决定一场大流行病能否发生的关键数字是这种疾病的基本传染数（basic reproduction number），写作 R_0。这是一个典型病例在传染期——直到他们病死或战胜疾病，从而不再有传染性之前——能传染多少人的度量。R_0 越高，这种病原体引发一场大流行病的机会越大。在一个简单模型中，如果 $R_0<1$，流行病将不会发生；如果 $R_0>1$，流行病将会发生。不过实践中，情况要复杂得多。通过收集个案数据，追踪他们接触的人和感染率，或通过收集全体人口的感染率数据，我们可以计算出 R_0。上述两种方法经常得出迥异的结果，这是流行病学（对流行病的研究）面临的挑战。

R_0 的计算：

$$R_0 = \tau \times \bar{c} \times d$$

τ 是传染率——即易感者接触感染者时被感染的概率。如果 1 个感染者接触了 4 个人，其中 1 人被感染，传染率就是 1/4。

$\bar{c}$ 是易感者与感染者的平均接触率，计算方法是用接触次数除以时间。如果 1 个感染者与 1 名易感者一周内接触了 70 次，每天的接触率就是 70/7 = 10。

d 是传染性持续时间——某人维持传染性多久（与计算 $\bar{c}$ 的时间单位一样）。

如果一种疾病让人在 4 天时间里有传染性，传染率是 1/4，接触率是 10，那么

$R_0 = 1/4 \times 10 \times 4 = 10$

这种病原体有很大机会感染许多人！

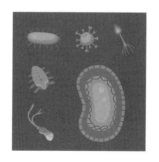

另一个重要因素是多少人易感。如果大家因为以前得过某种疾病，或打了预防它的疫苗，有了免疫力，他们就不是易感人群。对于一种新型疾病，每个人都可能是易感的，这使得这种疾病的传播容易得多。

作为一般规律，R_0 值越大，控制一种疾病的传播就越难。因为计算 R_0 的方法有很多，一些是实地的，一些是理论上的，因此这些数字不是很可靠，也不一定可

以直接相互比较。但它们是我们拥有的最好工具——在这一点上，病原体占了上风。

我们不是数字

R_0 永远只能是个近似值。它通常基于一个假设，即所有居民及人群内的接触数是均质的（均匀混合的），但在现实中难得成立，因为一些人比其他人更容易受到感染。例如，一些人会混入一个很大但非均质的人群，如与一群孩子接触的老师，或住在养老院的老人。而那些独居或住在偏远社区的人与其他人只有很有限的接触。

一切都会变化

R_0 值在一场小规模或大规模传染病流行期间会发生变化。计算公式中的两个值：传染率和接触率，取决于易感人群的数量。R_0 随着流行的持续而下降，因为易感人群的数量会降低；得过这种疾病并且恢复（或死去）的人不再易感。

首先，所有与感染者接触的人都易感（在没接种过疫苗的人群中）：

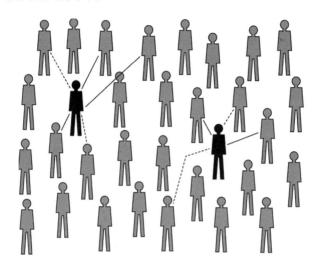

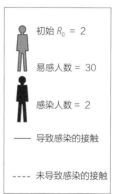

初始 R_0 = 2

易感人数 = 30

感染人数 = 2

—— 导致感染的接触

---- 未导致感染的接触

流行后期，许多接触者已经得病，因此不再易感：

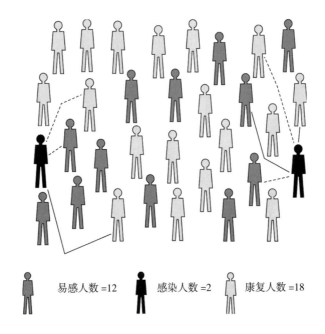

易感人数 =12　　感染人数 =2　　康复人数 =18

流行末期的 R_0 值会更低。最终，它会降到低于 1，流行也将终止。

打疫苗！

疫苗通过减少人群中的易感人数发挥作用。如果大部分人都接种了疫苗，病人接触到易感者的机会就会降低，因此一场疾病就流行不起来。这被称作群体免疫（herd immunity），这也有助于保护那些无法接种疫苗的人（比如说因为他们有癌症或艾滋病）。它的作用机制是减少他们接触到病人的机会，因为他们接触到的大部分人都有免疫力。如果他们确实接触到了疾病，他们将无力自保，因此群体免疫范围越广，他们越安全。

如果一种疫苗在防止疾病方面100%有效，要防止一种疾病流行，全体居民中需要接种的比例大致由下式表示：

$1 - 1/R_0$

这意味着如果面临一种 R_0 为3的致命流感的威胁，要防止其流行，$1-1/3=2/3$ 的人需要接种疫苗。

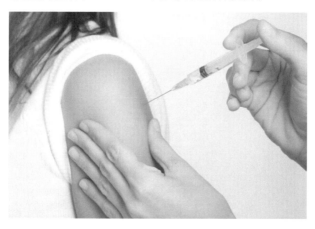

麻疹的 R_0 为 12—18，为简化起见，我们折中一下，将其算为 15。这意味要阻止麻疹在人群中传播，$1–1/15=14/15$ 即 93% 的人必须接种疫苗。约 20% 的美国人错误地认为接种疫苗会导致孤独症。出于这个原因，一些人拒绝让他们的孩子接种疫苗。在美国，2015 年的全国接种率是 91.1%，但在一些地区，学前幼托儿童的接种率低至 81%，导致这些地区易发麻疹。

第18章

外星人在哪里？

我们真的不是宇宙中唯一的智慧生命形式？

我们这个宇宙的角落——银河系有 3,000 亿到 4,000 亿颗恒星。我们这个星系甚至不算大：巨大的椭圆星系每个都有约 100 万亿颗恒星。考虑到可观测宇宙中（可能）有逾 1,700 亿个星系，恒星数量将达到 10^{22} 到 10^{24} 颗。即使是 10^{22} 颗恒星，对应全世界所有海滩上的每一粒沙子都有 10,000 颗恒星，而 10^{24} 颗则达到 1,000,000 颗恒星对一粒沙子。认为我们在这个有 10^{22} 颗恒星的宇宙里是独一无二的技术先进文明，这种想法未免过于夜郎自大了。

可观测的宇宙

可观测宇宙是一个以地球为中心，直径约 920 亿光年的球体空间。在那之外可能还有许多宇宙，但我们不可能知道。因为即使经过了 138 亿年，任何离开它们的光都还没到达地球。更多不为我们所知的宇宙很有可能也存在，我们碰巧在一个球形宇宙正中央的可能性极其微小。

因此极有可能，智慧生命也存在于宇宙的其他地方，但他们也许离得太远太远，无法联系我们，即便他们有心这样做。但构成我们自己星系的 3,000 亿到 4,000 亿个恒星系中，存在智慧生命的可能性有多大呢？这是一个我们也许能够回答的问题——终有一天。

费米悖论

1950 年，意大利物理学家恩里科·费米（Enrico Fermi）评论说，如果智慧生命在宇宙中很普遍，我们为什么还没有任何接触，或看到外星人的任何证据？自那以后，这个问题就困扰着天文学家，催生了许多关于技术发展障碍或物种进化与生存障碍的理论，还渲染了我们是否确实相当特别的老问题。

恩里科·费米因为创造了核反应堆而闻名。他在一次午餐闲聊中做出关于外星人的评论。自那以后，对我们宇宙中外星生命的寻找（可以说）走上了快车道

德雷克公式

"宇宙中存在智慧生命？确定无疑。银河系存在智慧生命？可能性如此之大，我愿意和你打任何赌注。"

保罗·霍罗威茨（Paul Horowitz），SETI［搜寻地外智慧（Search for Extra-Terrestrial Intelligence）］计划带头人

德雷克公式（Drake equation）试图设置地球之外、银河系内智慧生命存在可能性的参数。我们还没有填满式中所有变量的数据，但其显示了如果拥有正确的数据，我们如何计算这种可能性。

德雷克公式有几个稍有差异的变种。最直观的版本看上去是：

$$N = N^* \times f_p \times n_e \times f_l \times f_i \times f_c \times f_L$$

式中:

N= 在我们的星系中可探测到其电磁发射的文明数量（因此是那些在我们当前光锥上的文明，见下图）

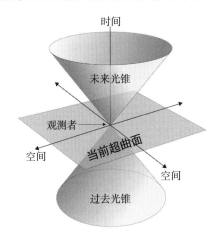

及

N^*= 银河系的恒星数量

f_p= 拥有行星的恒星比例

n_e= 每个恒星系拥有的可能支持生命的行星平均数量

f_l= 可以支持生命并且在某一时刻实际产生生命的行星比例

f_i= 发展出智慧生命（文明）的有生命行星的比例

f_c= 发展出某种可向空间发射表明其存在的可探测信

号技术的文明比例

f_L = 通信文明延续时间在行星生命中所占比例

虽然机会似乎对智慧生命越来越不利，但请记住，我们是从银河系的 3,000 亿到 4,000 亿颗恒星开始的，而且拥有行星是常态而非例外的可能性似乎越来越大。让我们用一些数字试算一下，所有数字均为假设。

假设银河系有 15%（f_p）的恒星与太阳类似，可能拥有行星。这个比例约在当前估计范围（5%—22%）中间。

4,000 亿 × 0.15

在我们的太阳系，除地球外，火星被认为是曾经产生过生命或有过产生生命潜力的唯一行星，因此我们让 $n_e = 2$：

4,000 亿 × 0.15 × 2

行星大发现

直到最近，我们才对银河系其他恒星是否有行星有所了解。但是现在，对系外行星（我们自己的太阳系以外的行星）的搜寻开展得如火如荼并且大有发现。到 2015 年 4 月，逾 1,200 个不同行星系统中的 1,900 多个系外行星已经被发现。

　　许多科学家认为，生命在地球诞生后 10 亿年左右就开始了。那是否意味着如果条件合适，生命很有可能开始？但我们尚未在太阳系其他似乎可以支持生命的行星和卫星上发现生命，因此这表明生命的起源似乎不那么容易。

对生命出现可能性的估计范围可能从 100%（如果生命可以出现，它就会出现）到接近 0（生命的出现非常罕见）。让我们选取其中的一个数值，假设为 10%（f_l）：

4,000 亿 × 0.15 × 2 × 0.1

这些行星中有多少拥有进化出智慧的生命形式（f_i）？这很难猜测。一些科学家认为拥有智慧非常有利，它终将出现，因此这个比例接近 100%；另一些认为智慧非常罕见。

让我们选个 1%：

4,000 亿 × 0.15 × 2 × 0.1 × 0.01

以下的计算就纯靠猜测了。我们完全不知道一个智慧物种有多大可能建立起技术文明，发出可探测的电磁信号（f_c）。它可以是 10 分之一或 100 万分之一。让我们暂且用 1 万分之一。

4,000 亿 × 0.15 × 2 × 0.1 × 0.01 × 0.0001=12,000

因此我们银河系有 12,000 个文明有能力发出我们可以探测的信号。这看起来令人鼓舞，但最重要的是，他们需要在时间上与我们重叠——更准确地说，他们电波的到达需要与我们在时间上同步。

如果一个文明的电磁活动能力可维持 10,000 年（人类文明迄今延续的时间），而它的行星延续了 100 亿年，那么 f_L 就是：$10^3 \div 10^9 = 1/10^{-6}$。

12,000×10^{-6}= 0.012

因此，银河系里此刻没人在聆听或发出信号的可能性是 98.8%。

当然，我们的数字是高度猜测性的并且可能是完全错误的。如果所有恒星的一半拥有可支持生命的行星，如果生命肯定会出现并且最终拥有智慧，如果 10% 的智慧生命发展出电磁通信，并且最成功的物种像鲨鱼一样可生存 3.5 亿年，那么，我们所算出的数字将完全不同：

我们现在有了 140 亿具备通信能力的生命形式，这比更保守的数字大了不止一万亿倍。

如果你想尝试不同的宇宙人口估算方法，网上有各种可以互动的德雷克公式计算器。

第19章

质数有什么特别之处？

考虑到质数一点儿也不想蹚数学这道浑水，它们其实比你可能认为的更有用。

1	2	3	4	5	6	7	8	9	10
11	12	13	14	15	16	17	18	19	20
21	22	23	24	25	26	27	28	29	30
31	32	33	34	35	36	37	38	39	40
41	42	43	44	45	46	47	48	49	50

质数是除了本身和 1 之外没有其他因数的数。这意味着除开下式外，质数不是任何乘法（只包含正整数）的积：

[质数]×1=[质数]

质数与合数

合数是除本身和 1 之外还有其他因数的数。因此所有除 0 和 1 以外的正整数不是质数就是合数。每个合数都可以写成质因数的积，即它可以分解为只含质数的乘积。这一点暗示了质数的重要性：它们是基本材料，我们可以用它们制造出所有的数。

特例

0 和 1 被认为不是质数。19 世纪，许多数学家一度将 1 看成质数，但它已经被踢出质数俱乐部。

2 是唯一的偶质数。

质数定理

证明于 19 世纪的质数定理称，一个随意选择的数

字 n 是质数的可能性与其位数或 n 的对数成反比。换句话说，数字越大，是质数的可能性就越小。

最大到 n 的连续质数间的平均间隔大致等于 n 的对数，即 $\ln n$。

找到质数

看一个数是否属于质数（被叫作素性）的测试之一是试除。如果被测数是 n，尝试用它除以所有比 1 大并且比 $\frac{1}{2}n$ 小的数。

对于很大的数，这样做费时费力，对此人们采用了各种各样通常有计算机协助的方法。迄今（2015 年 4 月）发现的最大质数是 $2^{57,885,161}-1$，有 17,425,170 位。[①] 除非你特别专注，不然没必要去熬夜寻找。但电子前沿基金会（Electronic Frontier Foundation）宣布奖励做出以下功绩的人或机构：发现第一个至少有亿位数的质数及第一个至少有 5 亿位数的质数。

一些最伟大的数学家，以及目前最尖端的计算机程

[①] 帕特里克·拉罗什（Patrick Laroche）于 2018 年 12 月 7 日发现的最大质数是 $2^{82,589,933}-1$。——译者注

序，都寻找过质数的模式，但迄今尚未发现可预测的模式。

厄拉多塞质数筛选法

公元前 3 世纪或前 2 世纪的古希腊数学家欧几里得是我们已知的第一个认识到质数的人。另一位希腊数学家，公元前 2 世纪的厄拉多塞采用了他用于识别质数的所谓"筛子"。它只适合相对较小的数字，但用起来很简便。

画一个十列的网格，行数你想画多少就画多少，总之需要容纳你想检查的数字：如果你想查到 n，你需要一个显示 1 到 n 的网格。从 4 开始，检查网格，画掉所有 2 的倍数。

接着画掉所有 3 的倍数，再接着是 5、7……的倍数，按着质数顺序一路画下去。画到 $(1/2)n-1$ 的倍数时，你可以停下来，因为比这更大的数不可能是 n 或比 n 小的数的因数。没画掉的数就是质数。

要判断一个数是否为质数，尝试用它除以 2。如果得到一个整数，它就不是质数。唯一的偶质数是 2，如果用它除以 2，你会得到 1（不是质数）。

沦为弃儿

古希腊到 17 世纪之间，大家对质数没什么兴趣。即使在 17 世纪，质数也没有纯数学之外的实际用途。计算机时代，随着开发加密算法的需求出现，质数才得到青睐。

让质数发挥作用

质数度过了一段相当懒散的时期，直到对数据加密的需求出现。现在，我们每天在互联网上发送海量加密交易和其他秘密数据，质数的作用相当于安保公司的运输车，数据可以乘坐它们安全旅行。

先将两个非常大的质数相乘，得到一个合数：

$P_1 \times P_2 = C$

这个合数被用于产生一个名为公钥（public key）的代码，银行（或其他机构）将公钥发给需要加密其信息的人。如果你在线购物，你的信用卡将用这个公钥加密，这次加密发生在你的连接端。如果在传输中被拦截，这个加密数据将是一长串无意义的数字。你的信用卡数据到达另一端时，私钥（private key）（从 P_1 和 P_2 中获得）被用于解密数据。

这种方法很实用，因为找到大数的质因数很难很难。拦截数据的黑客需要 1,000 年的计算时间才能破解密码，找到最初的质数。因为破解现代加密太难，政府真的很想让科技公司在他们的系统中植入"后门"。

乌拉姆螺旋

1963 年，在聆听一场无聊的科学报告期间，斯塔尼斯拉夫·乌拉姆（Stanislaw Ulam）从心不在焉地乱涂乱画中得到了一个惊人的发现。他画出一个以 1 为中心的数字螺旋。

```
37-36-35-34-33-32-31
|                   |
38  17-16-15-14-13  30
|   |            |   |
39  18   5— 4— 3  12  29
|   |   |     |  |   |
40  19   6   1— 2  11  28
|   |   |        |   |
41  20   7— 8— 9—10  27
|   |               |
42  21-22-23-24-25-26
|
43-44-45-46-47-48-49...
```

接着他提取出所有质数（见图 a）。

他注意到质数有落在对角线上的倾向。螺旋越大，这个模式越明显。一些质数也落在水平或垂直线上，但频度不同。

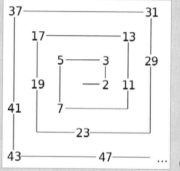

（a）

如果用计算机程序将合数标记为白色像素，将质数标记为黑色像素，在一个乌拉姆螺旋上，这些对角线会清楚地显露出来。与同样数量的随机数字标记的对比表明，这些对角线确实存在。

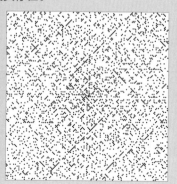

（b）

这还不是一个可预测的模式，尽管它有吸引力地暗示出哪里可能藏着某种类型的模式。

> "（质数）如野草般在自然数里生长，似乎不遵守除机会外的任何规则，（但也）表现出惊人的规律性，（并且）指导它们行为的规则是存在的，它们则以几乎军人般的纪律遵守这些规则。"
>
> 唐·察吉尔（Don Zagier），美国数论学家

第20章

机会是什么？

我们每天都与概率（换句话说，机会或风险）打交道，有时甚至没有意识到。

购买一张彩票（或是横穿马路）都是在与概率打交道。

对抗机会？

概率是赌博的关键。实际上，是赌博催生了最初的概率，即机会与风险的数学研究。赌场经营者或赌注登记经纪人必须很好地理解概率，才能做到输少赢多，不然就赚不到钱，但他们得以一种让赌注看上去诱人的方式来呈现机会。这样做的方式有几种。

赛马中，赌注登记经纪人提供以比例表示的赔率，像下面这样[①]：

Dire Warning	**20:1**
Fancy Pants	**4:1**
Strange Quark	**8:1**
Tangent	**7:1**
Fair Bet	**5:1**

如果将这些想成分数，我们很容易看出是怎么回事。

---

① 前面英文为马的名字。——译者注

20:1 的赔率意为经纪人认为 Dire Warning 有 1/20 的机会获胜；Fancy Pants 的获胜机会大得多，为 1/4。如果我们以分数形式将所有马的获胜机会加起来，其和在数学上应该是 1。当然，它从来不是这样，因为经纪人的利润来自总赌注与总赔款的差额。在这场赛马中，这个总数是：

1/20+1/4+1/8+1/7+1/5

=0.05+0.25+0.125+0.142857+0.2

=0.767857

它与 1 的差距是 0.232143，意味着经纪人得到超过 23% 的利润（假设赌注是平均投的）。

显然，经纪人的机会与真实机会没有关系——经纪人得了解每匹马的获胜机会。真实概率加起来肯定等于 1，因为肯定会有一匹马获胜（除非所有的马都摔倒或没有参赛资格）。

彩票大中奖

其他类型的赌博提供了很低的大奖概率和相当不错的小奖机会。许多全国性彩票的做法与此相似。赢得巨额累注奖金的机会很小——通常几千万分之一或几亿分之一，但赢得一个 10 英镑之类小奖的机会大得多（也许高达 1/25）。这种做法很狡猾，因为一些人意识到赢得大奖的机会渺茫，但它通过表明他们至少还有可能捞回来一点，让他们安心。广告也许会提到"每周开出 5 万个奖"或类似内容。正如我们在第 9 章看到的，大量中奖的说法立即吸引了人们；分母盲意味着我们不会把它看成（比如说）350 万中的 5 万，即区区 1/70。

老虎机根据同样的分级支付原则运行，提供相当大的赢得小奖的机会、但很低的大奖概率。赢到一点小钱的人被诱使再玩一把，到最后可能输掉一大笔。

一次又一次

有时候，知道不止一个事件的发生概率很有用。我们也许想知道：

- A 或 B 发生的可能性
- A 和 B 都发生的可能性

计算可选择的机会（A 或 B）时，我们将两个概率相加。

计算累积概率（A 和 B）时，我们将两个概率相乘。

假设你申请两份工作。第一份工作有 5 个同样合格的申请者（包括你），因此你得到这份工作的机会是 1/5，即 0.2。第二份工作只有 4 个合格申请人，因此你得到这份工作的机会是 1/4，即 0.25。

你得到其中一个（或两个）工作机会的概率是：

0.2+0.25=0.45 (45%)

你同时得到两个工作机会的概率是：

0.2×0.25=0.05 (5%)

你得到一个工作机会的可能性是同时得到两个的 8 倍。

你得到一个（不含两个）工作机会的概率是得到一个或两个工作机会的概率与同时得到两个的概率的差：

0.45–0.05=0.4 (40%)

因此，可能性最大的结果是你一个工作也得不到，第二大的可能性是你只得到一个工作机会。

不止一种方式

要理解概率计算的原则，想想我们怎么抛硬币或掷骰子吧，这是最容易的途径。

抛硬币最直接：它落下时不是正面就是反面。假设它是枚公平的硬币，落下时正反面的可能性一样大，得到正面的机会就是 1/2（0.5 或 50%），得到反面的机会同样是 1/2（0.5 或 50%）。如果抛两次硬币，我们可以再次得到正面或反面。抛两次硬币的概率是：

抛 1 次	正面		反面	
抛 2 次	正面	反面	正面	反面

抛两次硬币有 4 种可能结果：正面、正面；正面、反面；反面、正面；反面、反面；许多情况下，先正面后反面与先反面后正面是一样的。

两次正面的概率是 1/4；两次反面的概率也是 1/4；一次正面一次反面的概率是 1/2。

可能的结果随着我们抛硬币的次数增加而增多，而得到全部一样的结果（正面或反面）的机会减小（见下页表 a）。对于 n 次抛掷，每次都得到正面的概率是 $1/2^n$。每次都得到反面的机会同样是 $1/2^n$。得到全正面或全反面的机会是 $2 \times 1/2^n$，相当于 $1/2^{n-1}$[见下页表（b）]。

抛掷次数	全正面的概率
1	1/2
2	1/4
3	1/8
4	1/16
5	1/32
6	1/64

抛掷次数	全正面或全反面的概率
1	1
2	1/2
3	1/4
4	1/8
5	1/16
6	1/32

（a）　　　　　　　　　　（b）

6次里有1次

对于骰子，问题就更复杂了，因为每投一次骰子都有6种可能结果。同样的计算方式还可适用，但现在用6的幂，即 6^n。投出5点（或任何其他点数）的概率显示在右表中。

抛掷次数	全5点的概率
1	1/6
2	1/36
3	1/216
4	1/1296
5	1/7776
6	1/46656

如果你同时投两只骰子，投出对子的概率是 6^{n-1}[①]。

---

① 此处疑似有误，概率应为 6^{-2n}——编者注

一旦你投掷一次以上，投出不同点数的概率就更复杂了。这是因为构成某个点数而非其他点数的组合不止一个（见下表）。

2	1 + 1					
3	1 + 2	2 + 1				
4	2 + 2	1 + 3	3 + 1			
5	1 + 4	2 + 3	3 + 2	4 + 1		
6	1 + 5	2 + 4	3 + 3	4 + 2	5 + 1	
7	1 + 6	2 + 5	3 + 4	4 + 3	5 + 2	6 + 1
8	2 + 6	3 + 5	4 + 4	5 + 3	6 + 2	
9	3 + 6	4 + 5	5 + 4	6 + 3		
10	4 + 6	5 + 5	6 + 4			
11	5 + 6	6 + 5				
12	6 + 6					

投两只骰子时，你最有可能得到的点数是 7，因为构成 7 的组合有 6 种。这意味着投出 7 点的概率是 6/36，即 1/6。如果在一次骰子游戏里让你选，你就选需要投出 7 的情况。

帮你决定

　　19世纪的精神分析学家西格蒙德·弗洛伊德（Sigmund Freud）经常鼓励那些犹豫不决的人，用抛硬币的方式做出生活中的艰难决定。他倒不是支持将重要决定交给一次偶然机会，而是支持用硬币来帮助人们确定欲望："我要你做的是注意硬币指向什么，之后看看你自己的反应。自问：我满意吗？我失望吗？那会帮你认识到内心深处对那件事的真实感受。以那为基础，你就能打定主意，做出正确的决定。"

第21章

你的生日是哪一天?

如果一个房间里有 30 人,其中至少两人同一天出生的机会很大。

上页提到的那个统计数据经常被人引用。它似乎完全违背直觉，难以让人相信。

最常见的生日

研究概率的方法有两种。其中一种是我们在第 20 章讨论的方法，我们称之为频率论方法（frequentist method）；另一种是英国数学家托马斯·贝叶斯（Thomas Bayes）发明的贝叶斯方法（Bayesian method），这种方法更为复杂。

一年有 365 天（忽略闰年）。因此你的生日是某个特定日子的概率是 1/365。如果只比较另外一个人，那么你们同一天生日的概率是 1/365

= 0.0027

但别忘了，人家看到的并非只是你一个人的生日。房间里有 30 人，可能的生日对数是 30×29，即 870。现在你可以看出有两人同生日的概率为什么那么大了吧。

反过来看这个问题

丢开同生日的概率，想想生日不同的概率，想想一个有 30 人的房间里没有两人生日相同的概率。

如果只有 2 人，他们的生日不同的概率是

1–1/365=364/365=0.997

加入第 3 人，现在有了 2 个用过的生日日期，因此剩下 363 个没用过的日期。现在，他们的生日全不相同的概率是

364/365 × 363/365=0.992

再加上 1 人，概率就是

364/365×363/365×362/365=0.984

到你在房间里有 30 人时，其中没有同一天生日的概率是 0.294——近 30%。这意味着至少 2 人同一天生日的概率是 70%。这个概率到达 50% 的那一天房间里有 23 人；到房间里有 57 人时，其中有同一天生日的概率是 99%。

另一种逆概率

计算概率的贝叶斯方法与众不同。它可以从一套概

率出发，推导出另一套相关概率。

贝叶斯定理（Bayes' theorem）指出：

$$P(A|B) = \frac{P(B|A)\ P(A)}{P(B)}$$

式中，P 是概率。

末日何时到来？

贝叶斯概率的一个用途是计算人类可能灭绝的日期。这个名为末日论证（Doomsday Argument）的概念是澳大利亚物理学家布兰登·卡特（Brandon Carter）在 1983 年首次提出的。他用了截至 1983 年地球上共生出 600 亿人这样一个相当少的数字，算出人类有 95% 的可能性不会持续存在超过另一个 9,120 年。

贝叶斯的坦克

第二次世界大战期间，盟军尝试根据缴获或摧毁的坦克数据，用贝叶斯分析来评估德国的坦克产量。他们算出两辆缴获坦克上的 64 个轮子的制造中使用了多少铸模。接着根据一个铸模在一个月内可以造出多少轮子的已知数据，测算出按 64 个轮子样本中的比例生产出相配的轮子需要的铸模总数。据此估计，德国在 1944 年 2 月的坦克月产量是 270 辆，远远超过之前的估计。他们还根据缴获坦克上的序列号，用贝叶斯方法计算坦克的可能数量，准确度高得惊人。

统计评估的结果与德国记录（第二次世界大战后）的对比表明，在研究军事能力方面，统计是一个远比情报收集更可靠的方法。

第22章

这个险值得冒吗？

『冒险行远者才有可能发现他可以走多远。』——T.S. 艾略特（T.S.Eliot）

我们对风险的感知非常奇怪，而且我们的感知并不总是很理智地与风险数据相关。它受到许多心理因素影响，如熟悉或新奇、（关于风险的）未知因素、我们感觉自己具备的控制水平、结果的稀缺性、避免风险带来的不便、危险的紧迫性以及它可以造成的伤害程度。

刀口舐血！

从逻辑上来说，如果一项活动伴随着相对高的死亡率或重伤风险，我们似乎会避开它——然而许多人还是会开快车、抽烟、暴饮暴食。2014—2015 年埃博拉病毒暴发。

埃博拉拥有一种骇人风险的所有特征：

- 感染伴随着逾 50% 的死亡率
- 症状令人毛骨悚然
- 大多数人都不熟悉它
- 大范围的媒体报道
- 人们感觉疾病不受控制，因为它的侵袭很随意
  （尽管还没随意到会感染 5,000 千米外的某个人）

另外还有大量未知因素。埃博拉会逸出非洲吗？它会在出现症状前在人际传播吗？然而为避免这个风险而导致的不便相当轻微：不要去非洲，不要在埃博拉医院周围逗留或处理尸体。多数人会在没有任何重大危险或招致许多不便的情况下害怕埃博拉。

坐汽车也是一种已知风险。我们熟悉它，感觉它在我们的控制中，即使那种感觉在某种程度上是错觉（我们控制不了其他司机）。当然，媒体上少有交通事故的报道，因为它们太常见了，这一点也表明了很高程度的风险。大部分人不怕坐汽车，而且不坐汽车也非常不方便。

很吓人，但风险低

对人类最致命的动物并不像你想象的那样是鲨鱼、老虎、河马或任何别的大型动物，连狗都不算。

是蚊子。通过疟疾和其他疾病，蚊子每年杀死逾50万人。然而大多数人会认为，在巴西的河岸边散步比在鲨鱼出没的澳大利亚沿海游泳更安全。淹死的概率比被鲨鱼咬死大3,300倍，因此如果你在水里活得够久，连鲨鱼都能看到，你可以算得上幸运了。

放上数字

与大部分数字类似，显示风险的数字必须放在特定的语境下才有意义。下面是两个与美国道路交通死亡有关的数字：

- 1950 年，33,186 人死于交通事故
- 2013 年，32,719 人死于交通事故

乍一看，似乎从 1950 年以来，道路安全方面没什么进步。这个想法令人沮丧。但加上更多信息有助于更好地理解这些数字。如果我们看看不同时期的美国人口，我们可以更清楚地看到实际情况。1950 年，美国人口约为 1.52 亿；但 2013 年，这个数字是 3.16 亿，翻倍还不止。如果我们用人口数除以死亡人数，进步似乎很明确：

时间	死亡人数	人口数（百万）	每 10 万人死亡数
1950	33,186	152	21.8
2013	32,719	316	10.4

但如果我们看看这两年乘机动车旅行的英里 ① 数，这些数字呈现出完全不同的情况。

时间	死亡数	人口（百万）	机动车里程（10亿英里）	每10万人死亡数	每1亿英里机动车里程死亡数
1950	33,186	152	458	21.8	7.2
2013	32,719	316	2,946	10.4	1.1

在 1950 年乘车的危险程度是 2013 年的 7 倍，后者的风险降低了 85%。

比鲨鱼更危险的动物

全世界范围内，平均每年不到 6 人被鲨鱼咬死。被以下面动物杀死的概率更大：

- 蛇（每年致死 70,000 人）
- 狗（每年致死 60,000 人）
- 蜜蜂（每年致死 50,000 人）
- 河马（每年致死 2,900 人）
- 蚂蚁（每年致死 900 人）
- 水母（每年致死 100—500 人）

---

① 1 英里 =1609.344 米。——编者注

百万分之一

风险分析师将百万分之一的死亡机会称作"百万分之一致死率"（a micromort）。如果你正在考虑如何去镇上或去上班，你可以比较不同交通工具的风险，用"百万分之一致死率"来计算你需要旅行多少千米才可能死于一场事故。

显然，坐火车是最安全的方式，骑摩托车是最危险的方式。

运输方式	千米／百万分之一致死率
火车	9,656 千米
汽车	370 千米
自行车	32 千米
步行	27 千米
摩托车	10 千米

长期风险与急性风险

从楼梯上摔下，折断脖子的风险是急性风险——它可能即时发生并且立即要了你的命。如果你安全地走下楼梯，风险（暂时）消失，而你除了也许有过一点点担心外，没受到任何有害影响。

抽烟导致肺癌的风险是长期风险。它随着时间累积，尽管你今天下午可能抽的任何一支烟都不会杀死你，它可能（与所有其他烟一起）促成更短的寿命。这种风险是累积的，你抽的每支烟都会增加你得肺癌和其他疾病的风险。

百万分之一生命与百万分之一致死率

与百万分之一致死率相对的是"百万分之一生命"（a microlife）——生命的一百万分之一。对一个年轻成人而言，这平均约等于半个小时。长期风险常常更适合用百万分之一生命的代价来表示。抽支烟消耗掉约 1 个百万分之一生命。当然，它不是直接和无可争议的代价，而是一种风险。如果抽取特定数量香烟的人的平均寿命，将它与不抽烟者的平均寿命相比，我们可以算出一支烟平均消耗多少个百万分之一生命。但一些人 1 天抽 20 支烟并且活到 90 岁；没什么事是确定的。

用百万分之一致死率来计算一种活动的急性风险与用百万分之一生命来计算长期风险的关键区别是，百万分之一生命的代价是累积的，而百万分之一致死率的风险则在你每次幸存后重置为零。

风险无处不在

考查风险的另一个方式是将它与基线风险做比较，基线风险是你只要活着就会承担的风险。每参加一次悬挂滑翔飞行，死于这种运动的概率约为1/116,000。一名30岁的美国男性在任意一天死去的概率为1/240,000，因此参加悬挂滑翔使他的风险增大到原来的3倍（因为他将新风险加到现存风险上，而不是取代它）。

表达风险的另一个方式是指出你需要连续从事一项活动多久才会出事，或计算一种活动每从事一次所冒的风险。如果每次悬挂滑翔飞行的死亡风险是 1/116,000，那意味着如果你准备悬挂滑翔 116,000 次，你很有可能死于其中某一次（尽管它可能是在你第 3 次或第 169 次，而不是第 116,000 次飞行中）。虽然在平均水平上是这样，但对任何特定的人则不一定如此。

发挥作用的还可能有其他因素。刚开始参加悬挂滑翔飞行也许因为飞行员经验不足而更加危险，后来的飞行也许因为飞行员厌烦了而更加危险。某个悬挂滑行飞行员也许比别人经验更多或更少，因而危险更大或更小。

邮政编码里的运气

保险公司会尝试更准确地评估犯罪或意外事件的风险，而不是仅仅满足于采用全部人口的平均数据。他们用非常复杂的方法计算出谁比别人的危险更大或更小。这就是你的邮政编码会影响你需要为房屋保险、汽车保险等支付多少的原因。如果你所在地区有大量的入室劫案，他们会评估你的屋子遭到非法闯入的风险较高，向你收取更高的保费。

增加的风险与减少的风险

指示风险的一个常见方式是用倍数或百分比的形式对它们做比较。这可以很有说服力，但如果我们看不到任何绝对数，也很容易受到误导。一个像"服用保健药让你得脚趾恶性黑色素瘤的风险降低一半"这样的说法让这种补剂听上去物有所值。但如果得脚趾恶性黑色素瘤的概率仅有 2,000 万分之一，花钱买保健药将这个风险降一半到 4,000 万分之一其实是不值的。相比得脚趾恶性黑色素瘤，你更有可能在去买这种补药的路上出事故。

一些风险没法用我们喜欢的准确程度来衡量。如果我们尝试根据你过去的经验来预测你死于交通事故的风险，这个概率将会是零，因为尽管你在路上许多年，但从未死于交通事故。

对风险的误解有两种常见做法，总结起来就是类似下面的说法：

"多少年来，我一直在这样做，从来没出过问题，因此我确定以后还是没问题。"

"到目前为止你都很幸运，但运气肯定会用完。"

在某种意义上，第一个说法是一种不明确的贝叶斯概率评估。如果我们不知道一种风险的统计数据，我们会根据既往例子做出评估。不过这不是个好主意，尤其是在与死亡风险打交道的时候。当然，你在以前的情形下一直没问题，因为你还没死。你在之前的情形下没死，你绝对可以用那些情形为任何鲁莽的举动辩护，因为你从没有死于之前的任何冒险举动。你这次死不了，因为你上次没死。但仅仅因为上一次没死，你就可能死于这一次。

第二个说法在许多情况下也是错的。这是赌徒因为某个数字迟早会出现而一直押它的做法的反面。但情况不是那样。不管一种情况之前是否出现过，它每次出现的概率都是一样的。如果你掷一个骰子，得到6点的机会是1/6。如果你投出一个6点，下次投出6点的概率还是1/6。因此在独立风险的情况下，某人多年来"全身而退"的事实并不意味着他们会（或不会）继续全身而退。

第23章

大自然知道多少数学？

自然界会数数吗？

中世纪数学家斐波那契发现，有一个数列存在于许多自然现象中，包括兔子的繁殖。

疯狂复制的兔子

斐波那契解决了一个数学问题。多少个世纪前，它就为印度数学家所知，但对那时候的欧洲显然还是全新的。问题是这样：

如果你在地里放两只兔子，在假设的理想条件下，兔子数量会如何增长？

理想条件包括下面这些：

- 第一批两只兔子性别不同，处于繁殖年龄，互相吸引，健康而且有繁殖能力
- 每只雌兔在成年后每月生产雌雄各一只兔子
- 兔子怀胎一个月后生产，产后一个月成年
- 所有的兔子都不会死

且不提对"理想"定义的检验，最后一条将理想条件推向了极端，但别管它。这可是整整 800 年前，吹毛求疵已经太迟了。

我们就这样将最初的两只兔子放到地里，它们在那里，哦，像兔子一样繁殖。一个月后，地里依然只有最初那对可以繁殖的兔子，但它们刚刚有了第一对孩子，因此，形势很快就会失控。

到下个月末，地里有了两对兔子：最初的一对与它们刚成年的孩子。最初一对有了另一双幼崽，第二对开始了它们的繁殖生涯。

第三个月，地里有了三对兔子：最初那一对，第一对孩子和第二对孩子。

再下个月，最初那一对与它们的第一对孩子都有了一对幼崽（尚未成年），第二对孩子已经准备开始繁殖。兔子对的增长如下图：

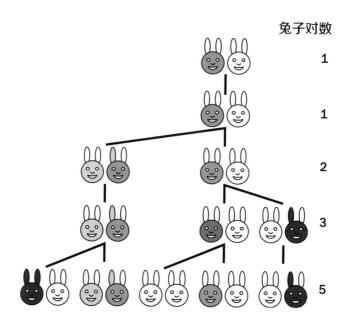

兔子对数

1

1

2

3

5

以此类推。每个月的兔子对数按下列模式发展：

1, 1, 2, 3, 5, 8, 13, 21, 34, ...

一眼看去，这些数字毫不出奇，但它们一次又一次冒出来。它们具有某种规律这件事也许不是很直观，但它们确实有规律。将序列中的前两个数字相加，就得到下一个数字：

1 + 1 = 2

1 + 2 = 3

2 + 3 = 5

3 + 5 = 8

5 + 8 = 13

8 + 13 = 21

以此类推。这个序列就叫斐波那契数列（sequence of Fibonacci numbers）。

如果我们将第 n 个斐波那契数写作 F(n)，斐波那契数的一般表述就是：

F(n) = F(n-1) + F(n-2)

你可以用这个数列里的一个例子来检验这个公式。数列中第 8 个数：

F(8) = F(7) + F(6)

21 = 13 + 8

斐波那契数之间的间隔越来越大：

F(38) = 39,088,169

F(39) = 63,245,986

据此

F(40) = 39,088,169 + 63,245,986 = 102,334,155

这些数字迅速增大；F(20,000,000) 超过了 400 万位。

如果我们假设斐波那契在 800 年前将他的第一对兔子放到地里，并且容忍一些兔子现在有 800 岁的事实，那么这些兔子的数量增长了 $800 \times 12 = 9,600$ 个月。F(9600) 的长度超过了 2,000 位，因此比 $10^{2,000}$ 还要大。那意味着现在有了超过 10^{20} 古戈尔数对的兔子，换句话说，兔子数量远远超过了宇宙中的原子数。

两只蜜蜂，或不是两只？ [①]

兔子当然只是个假设，但一些其他物种表现出更准确的斐波那契数列特性。如果我们观察蜜蜂基因，斐波那契数列显示了每只蜜蜂的祖先数量。雄蜜蜂只有母亲，因为它由一只没授精的卵孵化而来。每只雌蜂有一对父母：一雄一雌。因此如果你从一只雄蜂开始，画一个族谱，它看上去像下面这样。

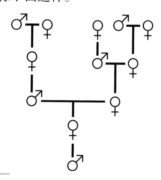

---

① "Two bee or not two bee?" 是模仿《哈姆莱特》那句 "生存还是毁灭？"（To be or not to be?）的幽默说法。——译者注

将祖先的数量加起来，我们得到：

项目	父母	祖父母	曾祖父母	高祖父母	天祖父母
雄蜂	1	2	3	5	8
雌蜂	2	3	5	8	13

虽然雌蜂起步更早，但也只是在斐波那契数列上走得稍远一点，这些数字最后还是一样的。

分枝

许多植物以一种遵循斐波那契数列的模式长出叶子或枝条。我们很容易看出枝条为什么遵循这个模式，因为每个新枝都长出一个边枝，达到某个点后，这条边枝又长出自己的边枝，以此类推：

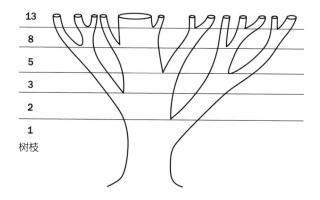

花瓣数目也是斐波那契数，并且大部分水果的内部也按斐波那契数划分（如香蕉为 3，水果为 5）。斐波那契数甚至出现在我们自己的身体上，例如手指上骨头长度的比例。

第24章

完美形状存在吗？

环顾自然界，你会看到许多奇怪的形状，有些相当美丽。

斐波那契数列与分形都会生成看上去不及实际有序的形状。隐藏的数学模式也出现在其他形式中。

矩形与螺旋

试试这个练习，看看一些数字如何落入某个模式。从一个边长为 1 单位（假定为厘米，但可以是任何单位）的正方形开始。在它旁边画一个完全相同的正方形。现在用相邻的两条边构成一个新正方形（边长 2 厘米的正方形）的边。你现在有了加起来和为 3 厘米的相邻的边；再画一个正方形。一直画下去，直到你的纸画不下，或者你没了兴趣。

你注意到这些正方形的边长是多少了吗？

1, 1, 2, 3, 5, 8, 13, …

又是斐波那契数列。

现在，画一条顺序经过那些正方形对角的曲线，得到一条螺旋线。

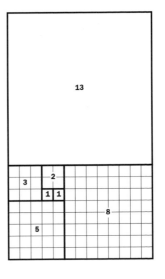

这叫黄金螺旋（Golden Spiral，见右图①）。许多植物以黄金螺旋的形状长出叶子。这些叶子以不同角度从茎上生出来。叶子在植物上的排列被称作叶序（phyllotaxy），是植物学家非常感兴趣的特征。

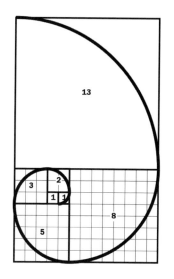

从一片叶子开始，顺着叶子在茎上绕圈，直到开始的叶子正上方那片叶子为止。这时你从茎上绕过的圈数是一个斐波那契数，之间的互生叶子数量也是一个斐波那契数（见下图）。

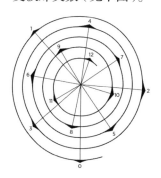

这种形式使照到每片叶子上的阳光最多，这是它如此普遍的原因。这些叶子间的夹角通常接近 137.5°。

---

① 这是近似黄金螺旋的斐波那契螺旋。——译者注

盘旋的螺旋

几个黄金螺旋经常互相交织在一起。许多头状花序的种子经常排列成互相交织的黄金螺旋形式，松球的鳞片排列成两道互相交织的黄金螺旋。向日葵上的螺旋线向两个方向（顺时针和逆时针）延伸，螺旋线数量为斐波那契数，葵花籽的总数也是斐波那契数。这是空间利用效率最好的排列，这样向日葵可以在圆形的花盘上排下最优数量的种子。

也许所有植物里最聪明的是菠萝。这种水果身上覆盖着六边形的鳞片，每块鳞片都是三条不同的螺旋线的一部分。菠萝上有 8 排稍稍倾斜的鳞片，13 排较陡峭的鳞片和 21 排接近垂直的鳞片。

菠萝叶子按一种不同的斐波那契数列生长，先是 5 条螺旋的叶子环绕着茎，接着垂直排列的叶子出现，每对垂直的列之间有 13 片叶子。这意味着菠萝有两套由不同荷尔蒙控制的黄金螺旋，而且菠萝在需要长出水果的时候会求助于正确的荷尔蒙。

黄金矩形

矩形各不相同：有短而胖的，有长而瘦的，还有一些真正优美的被称作"黄金矩形"（golden rectangles）。黄金矩形的边长比例近似 1:1.61803。1.61803……是一个无理数（小数一直延伸），由一个希腊字母 Φ 表示。这不是一个随机选择的无理数。它最初由欧几里得于公元前 300 年左右定义。想象一条分成两部分的线段，一条比另一条长，但是非常精确地"比另一条长"。两条线段间有一个特别的比例，名为黄金比例。这条线段的分割使得**短线段：长线段**等于**长线段：整条线段**。

用数学语言来说，假设一条线段分成 a 和 b 两个部分。整条线段的长度显然是 $a+b$。要想让两条线段呈黄金比例，$a:b$ 必须等于 $(a+b):a$。

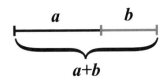

$$a+b$$

及

$$\frac{a+b}{a} = \frac{a}{b} = \Phi$$

分解为

$$1 : \frac{1+\sqrt{5}}{2}$$

切割，但不改变

黄金比例以及它定义的黄金矩形相当特别。如果你有一个右方这样的黄金矩形，从一端切去一个正方形（边长为 a, a），你还有另一个黄金矩形（b, a）。剩下这个矩形的边长比例同样是 $1 : \Phi$。你可以继续切出越来越小的黄金矩形。

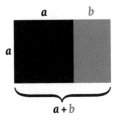

黄金矩形通常被认为拥有最令人愉快的比例。它在

大自然中相当常见，包括我们的身体内部。在艺术和建筑结构中也使用了数千年。

黄金，更多黄金

有了黄金螺旋、黄金比例或黄金矩形，我们很自然地会问到它们间有没有联系——当然，有。如果我们用任何斐波那契数除以该数列的前一个数，结果都趋向于 Φ。这一点一开始并不明显：

1/2÷1/3 =1.5

1/3÷1/5 =1.667

但随着用到的斐波那契数越来越大，结果也越来越接近 Φ：

102,334,155÷63,245,986=1.61803

还有另一个意外。如果你用一个斐波那契数除以它后面的一个斐波那契数，结果趋向于 $\Phi-1$：

63,245,986÷102,334,155 = 0.61803

这个数字（只有 Φ 的小数部分）有时用小写的 Φ（φ）表示。从中我们得出结论，这个世界有一些特别受欢迎的、可爱的形状。

Φ 的计算

从 $\dfrac{a+b}{a}$ 开始，我们知道它们等于 a/b，等于 Φ。

如果 $a/b=\Phi$，那么很明显地，$b/a=1/\Phi$。我们可以简化这个式子

$$\frac{a+b}{a} = 1 + \frac{b}{a} = 1 + \frac{1}{\Phi}$$

因此

$$1 + \frac{1}{\Phi} = \Phi$$

两边都乘以 Φ，得到

$\Phi+1=\Phi^2$

这个等式可以重新组织成：

$\Phi^2-\Phi-1=0$

这是个二次方程，我们可以用二次方程公式解出 Φ：

$$x = \frac{-b \pm \sqrt{b^2-4ac}}{2a} \qquad \begin{matrix} x^2+2x+1=0 \\ \uparrow \ \ \uparrow \ \ \ \uparrow \\ a \ \ \ b \ \ \ \ c \end{matrix}$$

($a=1,\ b=-1,\ c=-1$)

因为它是两个正数的比值，我们知道肯定是正数，因此这个解是：$\Phi = \dfrac{1+\sqrt{5}}{2} = 1.6180339887\ldots$

第25章

数字正在失控吗？

数字能以惊人的速度增长。

传说印度皇帝对发明国际象棋的人喜爱有加，提出让他自己选择一份赏赐。虽然可以索取数不清的财富，但那人只提出一个似乎微不足道的要求。他请皇帝在棋盘的第一个格子里放一粒米，第二格放两粒，第三格放四粒，以此类推，每换一格，米粒数加倍。皇帝很乐意地答应了这个要求，想不通这人会只要这么一点点。当然，这是在他给出赏赐之前。

米粒堆很快溢出了指定的棋盘格，很快溢出了棋盘，接着溢出了整个王宫，最后整个印度都摆不下了。到皇帝摆到棋盘最后一格时，他需要 2^{63} 粒米。那是 $2 \times 2 \times 2 \times 2 \times \cdots\cdots$ 乘到 63 次，约为 9,200,000,000,000,000,000 粒米。它到底需要多少空间取决于所用米的类型。如果是长度 7 毫米（0.276 英寸）的长粒米，它将摆出一条近 7 光年长的米线。那是往返半人马座 α 星的一大半路程，或往返太阳 215,000 次。

指数级增长

任何按比例而不是定量增加的增长模式都会很快加速。东华盛顿大学城市规划教授加博尔·佐瓦尼（Gabor

Zovanyi）声称，如果人类在 1 万年前从一对夫妇开始，以每年 1%（这在一开始似乎不太可能，但别管它了）的速度增长，那么到现在，我们将是"一个直径许多千光年，并且正以比光速快许多倍（不考虑相对论）的径向速度扩张的实心肉球"的一部分。那可不怎么吸引人。疯狂繁殖的兔子的斐波那契数列是人口指数级增长的另一个例子，并且会快得多地达到那个实心肉（毛）球阶段。

我们都是亲戚吗？

我们的人口研究还可以反过来做。

沿时间往回数，每个人都有 1 对父母，4 个祖父母，8 个曾祖父母……因为祖先数量以 2 的指数拉长，不消多长时间，你的祖先数量就超过了那些祖先生活时期的地球人口。如果我们假设 20 年一代人（在现在也许有点短，但在过去当然不），你只要回到约 1375 年就可以拥有逾 40 亿祖先。然而在 1375 年，地球上只有约 3.8 亿人。

1450 年左右，世界上有了足够的人，够他们每人当你的祖先仅仅一次——尽管实际情况不是那样。到 1375 年，每个人同时都是你的不止一个祖先。而且他们也都是我的、你邻居的不止一个祖先……

地上那个是你祖先吗？

随着祖先的重复使用，亲属关系网也越来越复杂。这叫"谱系崩溃"（pedigree collapse），发生于比如表兄妹结婚的情况，这样他们后代的曾祖父母就不到 8

人。谱系崩溃在小的社会群体或王室之类精英集团间很常见。

耶鲁大学统计学家约瑟夫·张（Joseph Chang）算出，在某个"时间"之后，每个生活在那个时候并且有后代的人，都是今天生活在同一个群体中的所有人的共同祖先。那个"时间"在欧洲约为公元600年，这意味着所有土生土长的欧洲人都是生活在公元600年左右的欧洲人的后代。之后对欧洲人的大规模DNA分析证实了这一统计发现。

再往前推到3,400年前，每个有后代的人都是地球上每个活着的人的共同祖先（理论上）。这意味着你与古埃及的纳芙蒂蒂（Nefertiti）王后是亲戚。

你要借钱吗？

数字不一定要翻倍才能快速增大。

比例增长通过利息率为我们大多数人所熟悉。如果你是存钱，它对你有利；但如果你借了钱，它对你就不利了。银行和金融机构使用复利制度。这意味着一笔贷款或存款的利息在一个期末（日、月、年）被加到本金上，之后的利率适用于本金加利息后的总额。假设你以3%的年利率存了1,000美元，它增值起来有多快呢？

时间	期初余额	利息	期末余额
第 1 年	$1,000.00	$30.00	$1,030.00
第 2 年	$1,030.00	$30.90	$1,060.90
第 3 年	$1,060.90	$31.83	$1,092.73
第 4 年	$1,092.73	$32.78	$1,125.51
第 5 年	$1,125.51	$33.77	$1,159.27
第 6 年	$1,159.27	$34.78	$1,194.05
第 7 年	$1,194.05	$35.82	$1,229.87
第 8 年	$1,229.87	$36.90	$1,266.77
第 9 年	$1,266.77	$38.00	$1,304.77
第 10 年	$1,304.77	$39.14	$1,343.92
……			
第 25 年			$2,093.78

利率对存款人（和借款人）如此重要的原因是利率的改变会极大地改变这些数字：

本金	利息率	10 年后	25 年后
$1,000	1%	$1,104.62	$1,282.43
$1,000	3%	$1,343.92	$2,093.78
$1,000	5%	$1,628.89	$3,386.35
$1,000	8%	$2,158.92	$6,848.48
$1,000	10%	$2,593.74	$10,834.71

期初一年与期末一年的价值不能相提并论。以 10% 的年利率，前 10 年为存款人挣到 1,593.74 美元，但接下来 15 年并不是前 10 年的 1.5 倍，而是 8,240.97 美元，约为前者的 5 倍。这就是会计师鼓励我们尽早启动养老基金的原因。

投钱养老

如果你 20 岁时在一份养老基金里投入 1,000 美元，45 年后退休。在这段时间内你没有再投钱，并且这段时间的利率是 3%，你到退休时会有 3,781.60 美元。但如果以同样的 3% 利率，在 45 年里每年投入 1,000 美元，你到退休时就会有 95,501.46 美元。如果你设法得到 10% 的利率，你退休时就有 790,795.32 美元，这看上去已经有点可观，尤其是对于一笔 45,000 美元的投资。

日复一日

如果你有余钱可以储存，那很好；但如果你在经济波谱的另一端呢？如果你不得不去找短期放贷人或放高利贷的，你最终可能会付出天文数字的利息，因为这一次，复利站到了你的对立面。

例如，如果你以每天 0.78% 的利率借入 400 英镑的 30 天短期贷款，你需要还 487.36 英镑：本金 400 英镑加利息 87.36 英镑。利息这么高的原因是利率（看上去很吸引人的 0.78%）是按日收取的，因此本金每天都在增加。它的全年实际利率是 284%。

你从朋友那里借入 50 英镑，借一个星期，说你会请他喝杯咖啡，那会怎样呢？那是笔好交易吗？它避免了短期贷款。但如果一杯咖啡是 2 英镑，那相当于每周 4%（或一年 208%）的利率。如果你以 10%（每年，不是每周或每天）的利率从银行贷款 50 英镑，一周的利息支出只有 10 便士。

第26章

你喝了多少酒?

数学上最重要的工具之一由一个想知道自己喝了多少酒的德国人发明。

1613 年，德国天文学家及数学家约翰尼斯·开普勒（Johannes Kepler）即将与第二任妻子结婚。他订购了一桶葡萄酒来庆祝。他很精明，还是个数学家，当然要问问酒商用于测量酒桶体积的方法并据此确定价格的方法。

把那个桶滚出来！

酒商会把酒桶横放，将一根棒子放入桶上的一个洞里，再量取那根与内壁贴合的棒子的长度，得出桶的直径，是在最宽的位置。用桶的剖面积乘以高度算出的体积大于桶的实际容积，因为酒桶的两端比中间细。开普勒可不想受骗，既不想为他没喝到的酒付钱，也不肯喝不到他付了钱的酒，于是开始寻找一个更好的测量酒桶容积的方法。

无穷小的切片

他想出的方法名为"微元"法。他想象将酒桶切成非常薄的切片，再堆积起来。每个切片都是一个圆柱体，但高度极微小。这些圆柱体切片的截面积各不相同，桶中间大于外侧。当然，每个圆柱体都有倾斜的边，一侧的圆面比另一侧大很小的一点点。但如果将切片切得很薄，两个圆面的差距变得很小（如果切得足够薄的话，就会变得无穷小），因而可以忽略。

滑溜溜的斜坡？

开普勒的方法不久后就为艾萨克·牛顿与德国哲学家戈特弗里德·莱布尼茨于 17 世纪各自独立发明的微积分所代替。

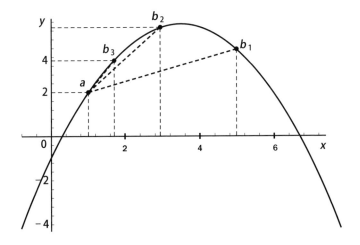

牛顿与莱布尼茨对葡萄酒的兴趣都不大，倒是关心一条线或曲线的斜率。他们从微元开始：一条曲线的斜率显然在不断变化，并且你可以计算任何一小段曲线的斜率来显示一个局部斜率。在上页图中，逐渐缩短线段 ab 将使它的斜率越来越接近 a 点的斜率。

让我们取一个简单的函数 $f(2x)$。它的曲线图是一条直线（见右图）。

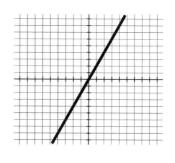

它整条直线上的斜率是一样的。实际上，它的斜率是 2/1，即 2，因为 x 轴（水平轴）上每增加一个单位，y 轴（垂直轴）上的值增加 2 个单位——这是 $y=2x$ 的曲线。

加上一个常数来改变函数并不会改变斜率：函数 $f(2x+3)$ 的曲线图是一样的，这条线只是落在轴上的点不同，因为现在 $y=2x+3$，因此在任何一点上，它在 y 轴上的位置更高 [高 3 个单位，见下页图（a）]。

显然，计算斜率时可以忽略那个常数。

如果我们现在画一条函数 $f(x^2)$ 的曲线，这条曲线是一条抛物线〔见图（b）〕。它的斜率是变化的。巧的是，在这条曲线上的任意一点，斜率都是 2x——正如牛顿与莱布尼茨所发现的。

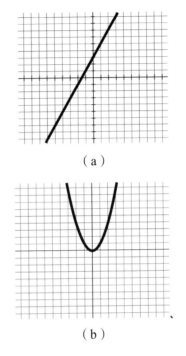

（a）

（b）

牛顿和莱布尼茨发现，要找到函数 $f(x)$ 的斜率，我们需要：

将每个有 x 的项乘以自己的指数（幂），并且将每项最初的指数减去 1。

用例子来说明更容易理解。在下式中

$x^3 - x^2 + 4x - 9$

x^3 的指数是 3，x^2 的指数是 2。

x^3 就成为 $3x^2$〔因为我们将它乘以 3，将指数减去 1（3−1 = 2）〕。

x^2 就成为 $2x$（因为我们将它乘以 2，将指数变成 2−1 =1）。

$4x$ 就成为 4（因为我们将它乘以 1，将指数变成 $1-1=0$，无论 x 是多少，x^0 都是 1）。

1 消失了：常数（只有数字本身，没有"x"）总是会消失，因为它们没有 x 指数。

这个变换可以概括为"x^n 成为 nx^{n-1}"。

经过所有变换后，x^3-x^2+4x-9 就成了：

$3x^2 - 2x + 4$

这个结果很有用。如果想知道 $x=3$ 这一点的斜率，我们可以用 3 代替这个微分函数中的 x 求出：

$f(x^2)$

$f'(x^2) = 2x$

因为 $x=3$，所以斜率是 $2 \times 3 = 6$。

函数

"函数"是以数字形式输入并得到输出（结果）的任何运算。函数表示成"$f(\ )$"，括号内为运算指示。因此函数 $f(x^2)$ 意为"对 x 做平方运算"，函数 $f(2x)$ 意为"将 x 乘以 2"。

一个点当然不能实际上有斜率。我们算出的斜率是

曲线上那一点的切线的斜率：

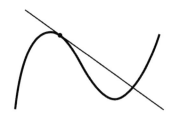

即使对一个非常复杂的函数，方法也是一样的。

$f(x^3–x^2+4x – 9)$

$f'(x^3–x^2+4x – 9) = 3x^2–2x + 4$

在 $x=2$ 这一点上，斜率是 $(3 \times 2^2) – (2 \times 2)+4=12$。

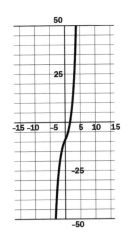

知道一条曲线的斜率可以向我们提供有用的信息。例如，在一个运动物体的距离随时间变化的曲线上，斜率指出了该物体在那一刻的运动速度。任何可以表示成比例或分数的函数都可以与曲线的斜率联系起来。如果我们画出价格随时间变化的曲线，斜率显示了价格上涨或下降（通货膨胀）的比例。

曲线下的一切

мик分给出一种度量曲线斜率的方法，积分（integration）则提供了一种计算曲线下方面积的方法。这一次，想象这条曲线下的区域切成无数微小的柱子。将所有这些矩形的面积加起来，我们就可以算出近似的总面积。

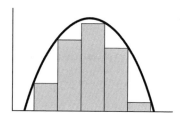

这些矩形越狭窄，对面积的估计越准确：

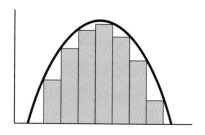

如果可以将这些切片分得无穷薄，我们就能算出准确的面积。这就是积分的任务。

我们称作微分的方法，艾萨克·牛顿称作"流数法"。求微分的结果被称为微分函数，又叫导数（derivative）。x 的函数写作 $f(x)$，导数写作 $f'(x)$。

积分实际上是微分的反面。如果对微分运算的结果做积分运算，我们将得到最初那个函数（有微小差异）。

因此，对下式

$$x^3-x^2+4x-9$$

求微分，得到

$$3x^2-2x+4$$

对此式

$$3x^2-2x+4$$

求积分，得到

$$x^3+x^2-4x+c^{①}$$

式中 c 是一个未知常数。一旦求出微分，我们就无法得知原始函数中那个常数的值。

积分只是微分的逆运算。你可以将它看成"反微分"。

---

① 此式似有误，当为 $x^3 - x^2 + 4x + c$。——译者注

对 x^n 求微分得到 nx^{n-1}，因此对 nx^{n-1} 求积分得到 x^n。

如果要求 x^n 的积分，我们逆转求微分步骤：我们需要除以指数，并且将指数加上 1：

1/n x^{n+1} （因为我们是对 nx^{n-1} 做逆运算）

这意味着 x 的积分是（1/2）x^2，x^2 的积分是（1/3）x^3。积分用一个长长的"s"符号来表示：

$$\int$$

"求 $3x^2-2x+4$ 的积分"的说法写成式子就是：

$$\int 3x^2-2x+4dx$$

最后的"dx"表明"x"是函数中需要积分的变量。

如果使用了字母"t"而不是"x"，式子将以"dt"结束。

$$\int 3t^2-2t+4dt$$

对

$$\int 3x^2-2x+4dx$$

求积分，得到

$$x^3-x^2+4x+c$$

（别忘了常数！）

许多曲线可以一直延伸下去，因此它们下方的面积无穷大。除非规定我们关注哪一段曲线，不然我们不能计算它下方的面积。要这样做，我们需要在两个不同的 x（或我们正在使用的任何变量）值上切断曲线。

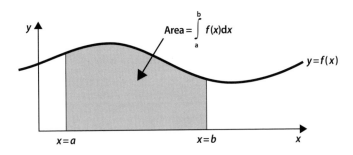

$$\text{Area} = \int_{a}^{b} f(x)dx$$

$$y = f(x)$$

$$x=a \qquad x=b$$

要显示我们正使用哪一段，我们将上限和下限（即两个切断的点）置于积分符号的上方和下方：

$$\int_{2}^{5} 2x\, dx$$

该式含义为"求 $x=2$ 与 $x=5$ 之间的曲线下方面积"。

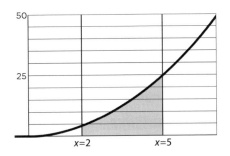

计算时，我们取结果［名为"被积函数"（integrand）］：

$$\int 2x\,dx = x^2 + c$$

先求出 $x=5$ 时的值，再求出 $x=2$ 时的值，再将两值相减（常数 "c" 将抵消）：

$x=5$，则 $x^2+c=25+c$

$x=2$，则 $x^2+c=4+c$

因此曲线这一部分下方的面积是

$(25+c) - (4+c) = 19$

出路

还记得阿喀琉斯和乌龟的悖论吗？它的问题源自将时间和距离分成越来越小（无穷小）的部分。而这正是微积分的活儿。这个真实世界与数学间不匹配的问题终于在 19 世纪得到解决。1821年，法国数学家奥古斯丁－路易斯·柯西（Augustin-Louis Cauchy）重塑了微积分的表达方式，从而使它成为纯理

论。他没有纠缠在如何跳越无穷小之间那道不可见的鸿沟上，而是说它没有必要——数学法则自成一体，不需要模仿现实或与现实联系起来。

> "（微积分）是上帝说的语言。"
>
> ---
>
> *美国物理学家理查德·费曼（Richard Feynman）*

说现实不必模仿数学也许更公正，因为我们所知的现实是连续的，如果数学没能给它们建立令人满意的模型，那是数学的问题，不是现实的问题。

经过 2,300 年后，阿喀琉斯终于可以追上那只乌龟了。